게놈혁명

호모 헌드레드 게놈 프로젝트

게놈혁명

호모 헌드레드 게놈 프로젝트

초판 1쇄 인쇄   2018년 3월 27일
초판 5쇄 발행   2021년 4월 12일

지은이   이민섭
펴낸곳   (주)엠아이디미디어
펴낸이   최종현
편집   최종현
디자인   김현중
경영지원   윤 송

주소   서울특별시 마포구 신촌로 162 1202호
전화   (02) 704-3448   **팩스**   (02) 6351-3448
이메일   mid@bookmid.com   **홈페이지**   www.bookmid.com
등록   제2011 - 000250호

ISBN   979-11-87601-66-1 93470

다가올 100세 시대를 준비하라

Homo
Hundred
Genome
Revolution

게놈혁명

호모 헌드레드 게놈 프로젝트

이민섭 지음

백 살까지 건강하게 함께 살고 싶었지만

10년밖에는 곁에 있을 수 없었던 소중한 아들 벤자민 기원에게

아빠와 엄마의 고맙고 미안하고 사랑하는 마음을 담아

이 책을 바칩니다.

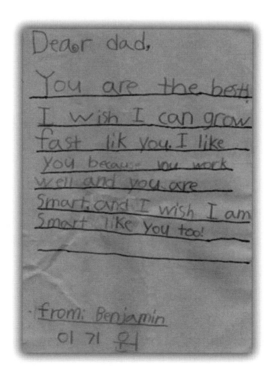

추천사

"아직은 치료법이 없는 난치성 희귀질환입니다." 가족이 이 판정을 받았을 때, 나는 유전자 검사를 택했다. 게놈 분석을 통해 왜 이 병에 걸렸는지, 치료법이 나올 때까지 어떻게 가족을 보호해야 하는지 알기 위해서다. 안젤리나 졸리가 유방과 난소를 절제한 것 역시 유전자 정보에 대한 믿음 때문이다. 이 책은 나와 내 가족을 위해 유전자 정보를 어떻게 활용할 수 있는지 손에 닿게 명쾌한 설명을 해주고 있다.

　　　　　　　　　　　　− **류현순** 전 한국정책방송원(KTV) 원장, KBS 부사장

성경에서 자기에게 가장 적합한 배우자를 '맞춤 배필', 즉, 'Suitable helper'라고 말한다. 사람의 모든 정보가 녹아있는 개인별 맞춤의학Customized

Medicine은 이제 더 이상 미래의 일이 아닌 현재 삶을 이끌어주는 엔진의 역할을 수행하게 된다. 각자의 특성을 최적화하여 도와주는 귀한 유전자 정보에 대한 올바른 지식을 담은 이 책은 바이오산업을 미래 먹거리로 인정하는 분들, 특히 다음 세대의 바이오 리더들은 반드시 알아두어야 할 소중한 자산이다.

－ **박용호** 서울대학교 생명공학공동연구원 원장, BioCEO 주임교수

"너 자신을 알라", "나를 알고 적을 알면 백번 싸워도 질 수 없다." 동서고금을 막론하고 '나'를 아는 것은 가장 어려운 일이고 가장 귀중한 것이다. '나'를 남과 구분하는 것이 바로 나의 '유전자'이고, 유전자에 이상이 생기면 병이 발생하고 내 적이 된다. 최근 아주 간단하고 저렴하게 '나'와 '적'을 알게 해주는 기술이 개발되었고 이는 '맞춤 유전체 혁명'으로 이어지고 있다. 이 책은 유전체 혁명의 최신 내용을 담고 있지만, 유전체의 전반적인 내용을 조감하는 용도로도 매우 훌륭하다. 학계와 업계, 한국과 미국 등 다양한 배경을 경험한 저자의 안목이 녹아있어 교양서나 전문서적과 차별화된다. 이 책이 '나'를 아는 첫걸음이 될 것임을 확신한다.

－ **신영수** 지노닥터 대표

게놈 혁명은 우리의 건강과 장수의 혁명입니다. 이 책은 게놈을 잘 모르는 일반인들도 유전자 정보가 우리의 건강에 어떻게 연관되어 있고, 우리의 생활에 어떠한 도움을 줄 수 있는지 아주 쉽게 알 수 있도록 쓰여졌습니다. 많

은 사람들이 자신의 게놈을 좀 더 정확하게 이해함으로써 더욱 건강하고 행복한 생활을 유지할 수 있게 되기를 바랍니다.

– 이철옥 이원의료재단 이사장

우리 어머님은 1921년에 태어나셨으니 올해로 98세이시다. 설날 세배를 드릴 때마다 온 가족은 합창을 한다. "어머님이 한 해를 더 사실 때마다 우리 가족의 평균 기대수명이 1년씩 늘어납니다." 어머님의 게놈이 우리 가족들에게 유전되었다는 것을 우리는 이해하고 활용하고 있는 셈이다. 그런데 어머님이 오랜 시간 건강하실수록, 나이든 자식들의 염려도 커져간다. 어머님보다 먼저 세상을 떠나는 불효를 저지르면 어떨까 하는 생각에서다. 따라서 우리 역시 건강하게 100세를 살 수 있는 방법을 찾아야 한다. 그런 의미에서 책『게놈 혁명』을 저술하신 이민섭 박사가 참 고맙다. 이 책을 읽으면서 100세를 살기 위한 준비를 해야겠다. 어머님께 효도하기 위해서.

– 조동성 인천대학교 총장

예로부터 인간은 장수와 더불어 질 높은 삶을 염원해 왔습니다. 이민섭 박사의 맞춤형 게놈 연구의 성과는 이러한 인간의 소망을 실현하는 데 커다란 역할을 하게 되었습니다. 세계의 초일류 과학자와 기업들이 경쟁하는 정글 속 최선두 그룹에 한국인이 있다는 것은 자랑스러운 일이 아닐 수 없습니다. 4차 산업혁명의 시대를 맞이하고 있으나, 우리사회는 과거에 매몰되어 한치도 진보하지 못하고 있습니다. 이 책은 과거가 아닌 미래를 말하고 있습니다. 이 책을 읽는 독자는 유사 이래 인간이 경험해 보지 못한 새로운 영역과 시장에 대한 혜안을 얻게 될 것입니다. 첨단 과학에 관심을 갖고 있는 직장인, 기업가, 일반인, 대학생, 중고교생에게도 일독을 권하고 싶습니다.

– **조평규** 중국연달그룹 집행 동사장(执行 董事长)

It is unquestionable that the genomic era is here, especially since the whole genome information of an individual can be experimentally obtained at an economically affordable cost. In this timely book, Dr. Lee explains in easy and common terms the current state of progress toward how such information can be utilized to help predict individual's inherited susceptibility toward various physical and biochemical traits, acquiring or preventing complex and rare diseases, and other health —or lifestyle— related traits. Such information, combined with cumulative environmental and life style information(which may be available in 10 years), will dramatically alter our perception and view of our selves.

– **Sung-Hou Kim** UC버클리 명예교수, 인천대학교 석좌교수

(가나다 순)

감사의 글

나는 한국에서 대학을 졸업한 후 유학길에 올라 27년이나 미국에서 생활한 교포다. 그곳에서 석사와 박사 학위를 땄고, 박사 후 연구원 과정을 거치면서 운이 좋게도 많은 공부와 연구를 할 수 있었다. 유전체 기반 생명과학 회사에 취직해 다양한 프로젝트에 참여하며 연구·개발은 물론 사업화의 기회도 가졌다. 유전체 산업의 핵심 도시인 캘리포니아 샌디에이고에서 다이애그노믹스라는 회사를 직접 창업해 경영도 해보았다.

그러면서 늘 한국에 대해 생각했다. 언제나 그리운 고국 한국에 나의 지식과 경험을 바탕으로 기여할 방법을 모색한 것이다. 그러다 2013년 한미 합작 법인인 이원다이애그노믹스 유전체센터

게놈혁명 : 호모 헌드레드 프로젝트

EDGC를 인천 송도에 설립할 기회가 주어졌다. 이 기회를 놓칠 수 없었다. 감사한 마음으로 매달 한국과 미국을 오가며 바쁜 시간을 보냈다. 나의 경험과 생각을 주변 사람들과 나누고 공유하는 것은 매우 즐겁고 보람 있는 일이었다.

하지만 이 기쁨의 시간은 그리 길지 않았다. 회사가 커지면서 직원들과의 소통이 점점 줄어들었다. 마음 같아서는 좀 더 많은 시간을 보내며 조금이라도 더 많은 것을 알려주고 싶었지만 현실은 녹록지 않았다.

생각 끝에 책을 쓰기로 했다. 모자란 시간 속에서 보다 많은 사람에게 나의 경험과 생각, 철학 등을 전달하는 데 적합할 것 같았다. 논문이나 과학 기사를 제외하고는 처음 써보는 책이라 쉽지 않았지만 지난 몇 달간 용감하게 펜을 잡았다. 매일 새벽 하루도 거르지 않고 글을 썼다. 지난한 과정이었지만 이 시간을 통해 내 생각과 경험을 돌아보았고, 다시 한번 초심으로 돌아갈 수 있었다. 한편으로는 아직 부족한 내가 남에게 보일 글을 쓴다는 것이 부끄럽게 느껴지기도 했지만 주변의 격려로 힘을 낼 수 있었다.

이 책의 출판을 위해 도움을 주신 분들과 지금의 내가 있을 수 있게 도와주신 많은 분께 진심 어린 감사의 인사를 드리고 싶다. 한국에서 일할 귀중한 기회를 만들어주신 이철옥 회장님, 김영보 교수님 그리고 신상철 대표님께 제일 먼저 감사를 드린다. 항상 귀중한 조언과 따뜻한 교훈을 주신 김성호 교수님, 조동성 총장님도 잊을 수 없는 은인이다. 책을 잘 마무리할 수 있게 도움을 주시고 유전자 검사의 활용에 대해 많은 조언을 해주신 신영수 원장님께도 인사드린다. 가장 가까이에서 최고의 후원자로 격려를 아끼지 않는 사랑하는 아내와 가족들, 항상 든든한 버팀목이 되어주시는 아버님, 살아 계셨으면 가장 좋아하셨을 어머님께도 진심 어린 감사와 사랑의 마음을 전한다.

그동안 나의 꿈과 희망이 담긴 프로젝트인 유전체 사업에 참여하셨던 모든 분과 고생했던 회사의 직원 및 동료들, 어려울 때마다 도움의 손길을 마다하지 않은 주변의 많은 지인과 용기를 주신 친지들에게도 깊은 감사를 드린다. 일일이 다 적을 수는 없지만 내 인생에 소중한 인연으로 남아주신 많은 분과 함께 『게놈 혁명』 출판의 기쁨을 나누고 싶다.

마지막으로 이 자리에 있지는 않지만 아빠와 엄마에게 큰 기쁨과 즐거움을 주었던 아들 벤자민 기원에게 엄마, 아빠의 사랑을 담아 이 책을 바친다.

2018년 3월
이민섭

서론
호모 헌드레드의 등장

Emergence of Homo hundred era

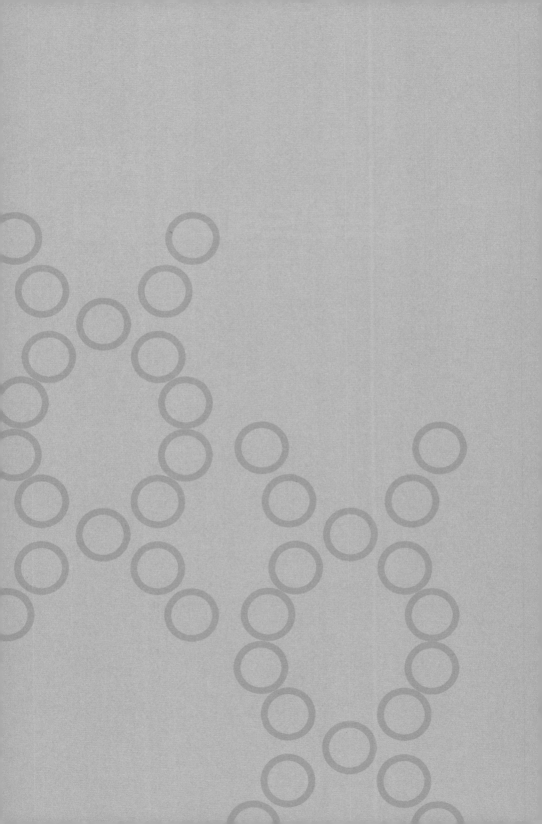

호모 헌드레드의 등장

인간이 오랜 시간 품었던 수명 연장의 꿈이 이루어지고 있다. 평균 수명 100세 시대가 눈앞에서 현실이 되고 있는 것이다. 100세 시대를 살아갈 인간을 호모 헌드레드*Homo hundred*라고 부른다. UN의 인구 보고서에 처음 등장한 용어인데, 100세*Hundred* 시대의 인류를 기존의 인류*Homo sapiens*와 구분 지어 칭하는 것이다. 이는 100세 시대의 개막이 가져올 변화와 충격이 새로운 종의 진화로 여겨질 만큼 크고 심각하다는 것을 의미한다.

그렇다면 호모 헌드레드 시대를 어떻게 준비하고, 맞이해야 할까?

호모 헌드레드 시대는 말 그대로 100세 장수 시대다. 이 시대의 최대 화두는 건강하게 오래 사는 것이고, 그 답은 '유전체 혁명'에 있다. 유전체라고 하면 대부분의 사람이 DNA를 떠올릴 것이다. 그러나 DNA는 유전체의 구성단위일 뿐이다. DNA가 가지고 있는 모든 유전 정보를 칭하는 것이 '게놈Genome', 즉 유전체이다.

게놈은 DNA보다 훨씬 포괄적인 유전자 정보다. 그리고 유전체학은 세포 속에 있는 많은 유전자가 어떤 기작mechanism에 의해 발현하고 조절되는지 연구하는 학문이다. 유전체학을 통해 우리는 우리 몸속의 다양한 조직이나 장기가 어떻게 형성되고, 상호 작용을 하는지, 그리고 인간의 삶과 건강에 어떤 영향을 줄 수 있는지를 알아볼 수 있다. 이러한 연구로 질환의 진단과 함께 미래의 건강과 질병 예측을 가능하게 할수도 있다.

그래서 유전체 연구가 중요하다. 한 사람의 유전체는 이 세상 그 누구와도 다르다. 혈연으로 이어진 각 가족에도 특이점이 있고, 나아가 민족이나 인종 간에도 다양한 차이를 보인다. 이러한 유전적 차이에서 개인의 특성이 만들어지고, 집안마다 다른 특질이나 질환 등이 나타나게 된다. 다양한 인종과 민족의 유전자 차이가 같은 질병에 대해서도 국가 간의 발병률을 다르게 만들기도 한다.

이러한 차이를 이용해 유전체학은 우리가 현재 가진 질병의 상태를 알 수 있을 뿐 아니라 미래에 걸릴지도 모르는 질병에 대해 미리 예측하고, 예방할 수 있게 도와줄 수도 있다. 그리고 혹시 발병하더라도 그 피해를 최소화하거나 최대한 진행을 지연시킬 수 있다. '개인 유전체Personal Genome'연구에 기반을 둔 '예방 의학Preventive

Medicine'이 큰 관심을 받는 이유다.

　　이 책에서는 이러한 유전체에 대한 구체적인 이해와 지금의 개인 유전체 시대의 도래 과정을 4차의 혁명의 단계로 구분해서 알아볼 것이다. 나의 유전자가 우리의 건강, 행복과는 어떤 관계가 있는지, 개인 유전체를 앎으로써 삶을 어떻게 변화시킬 수 있는지, 건강 증진과 질병 예방의 방법은 무엇인지도 살펴볼 생각이다. 특히 한국인의 관점에서 건강과 장수에 관련된 유전자에 대해『게놈 혁명』이라는 제목으로 주의 깊게 이야기하도록 하겠다.

유전체 분석 100만 원 시대

개인 유전체를 분석하려면 불과 10여 년 전만 해도 수백억 원의 비용이 들었다. 시간 또한 몇 년은 족히 필요했다. 그러나 유전체 해독과 분석 기술이 눈부신 발전을 한 결과 이제는 개인 유전체 분석이 100만 원대에 가능한 시대가 되었다. 분석에 걸리는 기간도 매우 짧아져 불과 며칠이 필요할 뿐이다. 이 정도의 발전 속도라면 그리 머지않은 미래에 10만 원대에 개인의 전장 유전체 지도를 알아낼 수 있는 시대가 열릴 것으로 기대하고 있다. 1990년 인간 유전체 프로젝트Human Genome Project; HGP가 시작된 후, 유전체 연구와 산업은 어떻게 변화했기에 벌써 유전체 분석 100만 원대 시대가 왔을까? 4차에 걸친 유전체 혁명 단계를 알아보며 그 변화의 흐름을 살펴본다.

1차 유전체 혁명은 1990년 인간 유전체 프로젝트로부터 시작되었다. 인류가 가진 유전체 전체를 분석해 인간의 표준 유전체 Reference Genome 지도를 만들어보려는 시도가 미국에서 처음 있었다. 뒤이어 영국, 프랑스 등이 합류하기 시작해 총 6개국이 참여했으며, 13년에 걸쳐 3조 원이 넘는 예산을 투입해 인간의 유전체 지도를 완성할 수 있었다. 그 초안은 2001년 발표되었다. 이 역사적인 사건으로 인류는 최초로 인간 유전체 지도를 갖게 되었다.

　　인간 유전체 프로젝트 이후 다양한 유전자 기반 질병과 특성 연구가 시작되었다. 이것이 2차 연구 유전체Research Genome 혁명이다. 연구자들은 여러 질환을 대상으로 환자들의 유전체와 건강한 사람들의 유전체를 비교 분석하면서 다양한 유전자 변이를 찾아냈으며, 이를 바탕으로 다양한 질병의 메커니즘을 이해하거나 신약과 새로운 진단법 등을 개발하였다. 또한 이러한 정보를 이용해 질병을 예측하거나 치료에 활용하기 시작했다. 그러나 이때까지만 해도 유전체 분석은 주로 연구나 새로운 탐구 차원에서 이루어졌다. 많은 논문과 바이오 마커에 다양한 특허가 나왔지만, 그 내용들이 일반적으로 개인이나 환자에게 사용되지는 못했던 것이다.

　　3차 유전체 혁명은 2007년경 차세대 유전체 분석이라고 하는 NGSNext Generation Sequencing 기술의 보급으로 임상 유전체Clinical Genome시대가 급격하게 시작되었다. NGS기술을 활용한 차세대 유전체 분석은 비용의 빠른 하락을 이끌어내 유전체 분석을 저렴하면서도 빠른 시간에 할 수 있게 만들었다. 분석 데이터의 양도 엄청난 증가를 가져와 유전체 정보로부터 희귀 질환의 원인을 찾아내고, 태아의 유전체를 산모의 혈액으로부터 정밀하게 분석해 산전에 유전적 질환의 진단을 가능하게 했다. 동시에 유전적 변이에 기인한 새로운 암 진단법과 치료법이 제시되기 시작하면서 본격적인 유전체 데이터의 임상적 활용 시대가 열렸다.

지금의 4차 유전체 혁명은 개인 유전체Personal Genome분석의 시대로 이어져 우리 모두의 생활과 의료 및 건강을 송두리째 변화 시키고 있다. 2014년에 한화로 약 100만 원, 미화로 1000달러에 유전체 분석이 가능해지면서 4차 유전체 혁명은 주로 환자의 질병 진단 및 치료에 국한되었던 유전체 분석의 활용 범위를 모든 사람에게 적용되어지는 다음 단계로 넓히게 되었다. 건강한 사람도 질병의 예측과 건강 관리와 유지를 위해, 혹은 차별화된 라이프스타일과 호기심 등의 다양한 이유로 유전체 분석을 하게 되는 시대로 접어들게 된 것이다. 이와 연계된 다양한 서비스와 상품도 등장하고 있다. 이러한 개인 유전체에 기반을 둔 새로운 혁신 시대는 개인의 건강 증진과 수명 연장의 꿈을 이루게 하는 원천이 될 것이다. 그냥 오래 사는 것이 아니다. 행복하게 오래 살고 싶어 하는 인간의 희망이 4차 유전체 혁명, 즉 '개인 유전체 혁명Personal Genome Revolution'으로부터 시작되고 있다.

Prologue

Everyone wants to live longer, healthier and happier lives. To a certain degree, this wish is now being realized as humanity have entered a *Homo hundred* era, a new era distinguished by the 100-year life span for *Homo sapience* (humans) born in wealthier countries. The impact and the resulting change society will have to make as a result of super-longevity will be so revolutionary, the change will be akin to an evolution of a new human species. Revolution means breaking the old ways of doing things and setting up a radical and drastic change in its place. In order to prepare for the new era of *Homo hundred*, we, as humans are going to face various revolutions. However, longevity can be both a gift and a

게놈혁명 : 호모 헌드레드 프로젝트

curse. A hundred year life-span is meaningless if the extended years of life is riddled with chronic illness and bad health. Therefore, the most important task for us in this new era of longevity is to prepare for good health and happiness in the latter half of life. But, how should we prepare for the 100-year-old era when it came so suddenly?

The solution is in adopting a 'genomic revolution'. The 'genome' is a comprehensive term for our complete set of DNA, including all of our genes, and is responsible for all the information needed to build and maintain our body. 'Genomics' is a study of organisms in general that provides insight to how these genes are being controlled and coordinated in the cell to affect health and disease. The field of 'genomics' used to be the domain of scientists, not the general public. Now, as researchers have made great progress in understanding the causes of human traits, diseases, and disorders through genetics, and as costs for genomic sequencing near 1000 dollars (1,000,000 Won), genomics has now become an important field everyone should be interested in.

Genomic analysis has been shown to predict future health and illness as well as the diagnosis of current disease conditions. An individual's genome is unique and different from anyone else in the world. The difference in the genetic make-up affects each individual and family as well as people with different nationalities and ancestries. This genetic difference between you and others is what defines your unique characteristics, and accounts for everything from the diseases and pre-dispositions that run in your family to the specific response to a medication you will have. Your DNA can even diagnose certain health problems or diseases and provide invaluable information that can predict and even prevent certain illnesses you are pre-disposed to. The best solution to stop a disease is prevention based on prediction before it happens. Once the disease manifests, treatment is usually not easy, cheap or successful, and causes great pain and burden to the patient and family. However, if we can anticipate these illnesses earlier, we can delay the occurrence of the disease, minimize their harm, or even avoid it altogether. Preventive medicine based on the personalized genomic information has been under great media attention because of the launching of Precision Medicine projects in many countries including US and Korea. Preventive medicine based on patient information is a perfect way to prepare to live in the *Homo hundred* era. Even if you are healthy now, sickness and disease is inevitable in the hundred-year life span, so prediction and prevention is a key to maintain healthy.

The genome revolution is characterized by four separate states. Just over a decade ago, personal genome analyses cost tens of billions of wons and took several years to analyze just one person's genome.

However, the advances in genome sequencing and bioinformatics analysis technologies over the past decade have now opened up an era of genome sequencing that takes only a few days for less than a million won. Individuals will be able to do so much with this genome information in the near future.

The world is facing the fourth industrial revolution, which was created by the convergence of ICT. It is the new economic and industrial era that unifies the physical, biological, and digital worlds and affects all of the new field of technology based on big data. This revolution is marked by a time of rapid change, having a greater influence on mankind than any previous industrial revolutions. At the core of this fourth industrial revolution is the genome information technology, which went through three revolution periods to usher in the current fourth one 'the personal genome era'. The first revolution in the genome began with the launching of Human Genome Project in 1990, the very first attempt by mankind to map an entire human genome by analyzing its entire DNA. The project spent more than 3 trillion won (3 billion U.S. dollars) and involved six countries including the United States, UK and France. The draft map of human genome was announced in 2001 and was completed in 2003. After the Human Genome Project, various gene-based diseases and health studies began at the second genome revolution. Researchers began to analyze and compare the genome of patients with various diseases to that of healthy individuals. They have also used the genetic analysis of these diseases to study the mechanisms of disease development to lead to a new drug and diagnosis. Genetic analysis was mostly for research purposes and yielded many research papers and various patents based on biomarkers discovered. A few years later, the third genome revolution set rapidly with the deployment of the Next Generation Sequencing(NGS) technology. These new genome sequencing devices made it possible to analyze the genome quickly and easily with an unprecedented steep price drop of genome sequencing. The new technology of rapid and mass sequencing resulted in a substantial increase in genome data, which was used to identify the cause of many disease and biomarkers for diagnosis. The NGS technology was also adopted into analyzing the genetic material of pregnant woman to precision diagnosis unborn children from the mother's blood. This technology also made it possible to diagnose cancer and allow to use genetic variation of cancer for targeted treatment. The present day fourth generation 'genomic revolution' brings us the era of personal genome that is beginning to completely change people's lives and healthcare since **2014**, with the availability of the **$1000** genome sequencing. The fourth genome revolution shifts the focus of genome usage from clinical to consumer. This shift is so important because it involves and benefits healthy individuals. This change will open up to endless possibilities, where genome information will be used for predicting disease risks, maintaining a healthy life, and improving lifestyles with goods and services tailored from genomic innovations.

The best medicine is prevention. At the center of the future of healthcare is personalized genetics, brought on by the fourth genomic revolution. This revolution will bring new health care innovations through disease prediction and prevention, and will be crucial and necessary for improving mental and physical health while prolonging lives. With these tools, we can make intelligent choices that will ensure longer life expectancy is a gift and not a curse. The Fourth Genomics Revolution by personalized genomics will be the most necessary innovation for us to enter the era of the 100-year-old *Homo hundred*.

차례

Part I

1장
호모 헌드레드 시대와 유전체 혁명

Homo hundred Era and
Genome Revolution

100세 시대의 희망과 불안

100점, 100% 달성, 백세, 백전백승, 백년해로 등 일상 생활 속에서 '백'이라는 숫자를 쓰는 일은 아주 흔하다. 그런데 백이 단지 10의 10배가 되는 수만을 가리키는 것은 아니다. 때로는 완전한 것, 충족한 것, 극에 달한 것을 일컫는다. 불완전한 것이 완전하게 이루어짐을 뜻하고, 꿈이나 희망을 표현하기도 한다.

호모 헌드레드Homo hundred라는 말 역시 깊은 의미를 담고 있다. 2009년 국제연합UN은 「세계 인구 고령화 보고서World Population Ageing 2009」에서 인류의 기대 수명이 곧 100세에 이를 것으로 내다보고 호모 헌드레드라는 신인류 사회의 탄생을 예고했다. 그리고 호모 헌드레드를 현생 인류인 호모 사피엔스Homo sapiens와 비교해서 인용하기 시작했다. 이 보고서에서는 2000년도에는 평균 수명이 80세가 넘는 국가가 단지 6개국뿐이었지만, 2020년이 되면 31개국으로 급증하여 초장수 국가가 지금의 5배 이상 증가할 것이라고 예견했다.

한국도 요즘 100세 수명 또는 100세 장수 시대라는 말을 종종 한다. 많은 사람이 100세 장수에 대한 막연한 기대와 함께 건강하고 행복한 여생에 관심을 가지게 되었다. 여기서 나는 '인간의 수명이 100세 이상으로는 늘어날 수 없을까?'라는 질문을 던져본다.

재미있는 점은 한자로 100세는 '상수上壽', 111세는 '황수皇壽', 120세는 황제의 수명이라 해 '천수天壽'라고 부른다는 것이다. 그 이후의 나이를 칭하는 용어는 존재하지 않는다. 옛사람들은 120세를 인간이 타고난 최고 수명으로 여긴 듯하다. 『성경』의 창세기에도 사

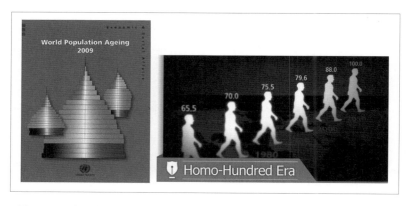

그림 1　2009년 UN은 「세계 인구 고령화 보고서」에서 100세 수명의 호모 헌드레드 시대를 선언했다.

　게놈혁명 : 호모 헌드레드 프로젝트

람의 수명을 하나님이 120년으로 제한했다고 나와 있다. 한국 공식 기록의 최고령자는 119세 최남이 할머니로 알려져 있고, 프랑스에서 122세 나이로 1997년 사망한 잔 칼망

그림 2 세계 최장수자로 공식 기록된 프랑스의 잔 칼망. 122세 나이로 1997년 사망했다.

Jeanne Calment 할머니가 세계에서 최장수한 사람으로 『기네스북』에 올라 있다. 이것으로 미루어볼 때 현생 인류의 타고난 최고 수명은 100세를 넘어 120세 정도라 할 수 있을 것이다. 이 외 몇몇 나라에서 120세 이상인 노인이 보고되긴 했지만 객관적인 증빙 자료가 없어 공식적으로는 인정되지 않았다. 이런 사례를 바탕으로 120세를 인간의 타고난 최고 수명으로 본다면 평균 기대 수명 100세가 그리 어려운 일은 아닐 것이다.

실제로 많은 연구자가 노후에 질병을 잘 관리한다면 120세까지 사는 것이 불가능한 일은 아니라고 본다. 물론 100세를 넘어 120세까지 사는 것이 일반적인 일은 아니다. 현재 한국인의 평균 수명은 여자 86세, 남자 82세다. 그러나 2017년 2월 저명한 학술지 「네이처Nature」는 2030년 이전에 대한민국 여성의 평균 수명이 91세가 될 것이라고 영국 임페리얼대학의 「랜싯Lancet」에서 발표한 연구 논문을 인용해 기사를 냈다. 아울러 한국은 평균 기대 수명이 가장 빨

리 늘고 있는 나라 중 하나로 2030년경 세계 최초로 평균 수명이 90세가 넘는 나라가 될 것이라고 예상했다.

물론 장수 시대의 개막이 마냥 좋은 면만 있는 것은 아니다. 2017년 행정안전부의 통계 자료에 따르면 한국 총인구는 2008년 4930만 명에서 2017년 7월 기준 5174만 명으로 증가했다. 그중 가장 급격한 변화를 보인 것은 100세 이상의 인구였다. 2008년 2179명에서 2017년 1만 7468명으로 무려 8배 이상 증가했다. 70~79세도 50% 가까이 증가했다. 이 지표는 한국이 초고령화사회로 빠르게 진입하고 있음을 통계로 뚜렷이 보여준다.

고령화사회, 더 나아가 초고령사회는 여러 가지 경제적 그리고 사회적 문제를 야기하는데, 그중에서도 다양한 성인 질환으로 인한

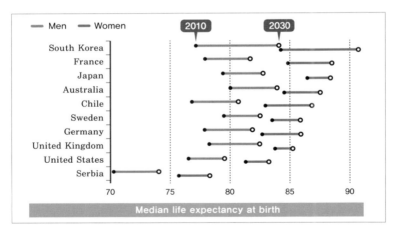

그림 3 「네이처」에서 발표한 2030년 평균 수명 증가 예상. 한국은 여성의 평균 수명이 91세에 달해 세계 최초로 평균 수명이 90세가 넘는 나라가 될 것으로 예측했다. 한국이 프랑스와 일본을 제치고 세계 최장수 국가가 된다는 것이다.

게놈혁명 : 호모 헌드레드 프로젝트

개인의 불행과 사회적 비용 부담, 복지 등이 커다란 사회 문제로 대두되게 마련이다. 즉, 다가올 100세 수명의 시대가 인류에게 큰 축복일 수 있지만, 경제적으로 빈곤하거나 건강을 유지하지 못한 일부 사람에게는 더 큰 재앙이 될 수도 있다는 것이다. 수명이 늘어난 만큼 길어진 시간을 다양한 만성 질병과 싸우며 엄청난 경제적 부담을 안고 투병 생활을 해야 한다면 이것이 행복한 삶이라고는 말하기 어려울 것이다.

이를 보여주는 조사 결과가 있다. 2011년 보건행정학회지에서 발표한 "한국인의 100세 장수 시대의 인식과 영향 요인"에 따르면 장수 시대를 재앙이라고 답한 사람이 39.6%, 축복이라고 한 사람이 33.2%로 나타났다. 생각보다 많은 대한민국 국민이 100세 장수 시대에 대해 부정적 견해를 가지고 있는 것이다. 이유는 간단하다. 노후에 닥칠 건강과 재정 문제에 대한 불안이 장수 시대를 마냥 기뻐할 수만은 없게 만든 것이다. 바꿔 말하면 확실한 노후 준비가 축복받은 100세 장수 사회를 대비하는 비결인 셈이다.

가장 주목해야 할 부분은 대한민국 국민들의 평균 수명은 매년 증가하고 있지만 건강 수명은 오히려 줄어들고 있다는 것이다. 통계청 자료에 의하면 질병 기간을 제외한 기대수명인 건강 수명은 처음 통계 수치를 발표했던 2012년도에 비해 매년 조금씩 줄어들고 있다. 그동안에는 의료발달을 통해 질병을 치료하며 평균 수명을 연장할 수 있었지만, 그 질병의 근본적인 예방에는 소홀해왔다는 것을

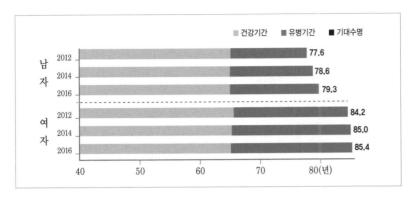

그림 4 2017년 대한민국 통계청 자료에 의하면 2016년 현재 남자의 기대수명은 79.3세, 여자의 기대수명은 85.4세로 늘어났지만, 건강 수명은 오히려 줄어들고 있는 것으로 나타났다. 수명이 늘어나면서 더 오랜 기간을 질병과 싸워야 하는 것이다.

보여주는 것이다. 이것은 앞으로 질병을 미리 예측하고 예방하는 데에 실패한다면 수명이 늘어나는 기간 이상으로 오랜 시간을 질병과 싸워야 한다는 뜻이다.

가장 중요한 것은 기대 수명을 연장하면서 함께 건강 수명을 연장해야 하는 것이고 건강 수명을 연장하는 가장 효과적인 방법은 질병의 예측을 통한 선제적인 예방인 것이다. 본인의 질병에 대한 위험을 미리 파악해서 가능한 한 조기에 대비를 해야 그 질병을 예방하거나 발병을 최대한 지연시킬수 있는 것이다. 게놈 분석을 통한 질병 예측과 예방이 단순히 수명을 연장할 뿐 아니라 건강 수명을 늘려 건강하게 오래 사는 것을 도와 줄 것이다.

게놈혁명 : 호모 헌드레드 프로젝트

행복한 100세 시대를 위협하는 질병

새로운 과학 기술의 발달과 양질의 의료 서비스에 힘입어 인간의 수명은 계속 연장되고 있다. 하지만 수명 연장의 이야기에 비해 질환이나 질병 극복 소식은 미미한 편이다. 100세 시대라고는 하나 다양한 질병이나 만성 질환에 맞서 끊임없이 싸우는 삶을 살 수밖에 없다. 암이나 심혈관 질환, 뇌 질환, 당뇨병 그리고 치매 같은 고령화에 따른 다양한 만성 질환은 행복한 삶을 위협하는 주범이나 마찬가지이므로 심각하게 다뤄야 할 필요가 있다.

대부분의 만성 질환은 복잡한 유전적 요인과 환경 및 생활 습

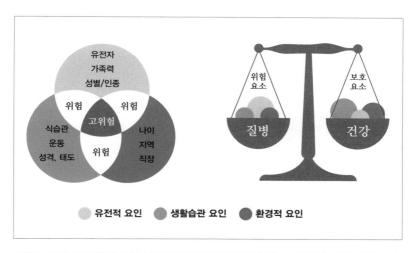

그림 5 대부분의 질병은 단순히 유전적 요인에 의해서만이 아니라 비유전적 요인인 생활 습관, 음식이나 환경과의 복잡한 상호 작용에 의해 위험도가 결정된다. 유전자에도 질환을 증가시키는 위험 유전자가 있는 반면 그 질병에 대해 보호하는 역할을 하는 것도 있다. 우리의 환경을 조정하고 생활 습관을 개선하면 많은 질병을 예방하거나 발병을 지연시킬 수 있다. 많은 질병과 건강의 관계에는 지렛대의 원리가 적용된다. 나의 보호 요소가 많이 축적되면 건강이 유지되나 반대로 위험 요소가 증가하면 질병으로 발전하는 것이다.

관 그리고 음식등 비유전적 요인과의 종합적인 상호 작용으로 발병한다. 이 중 유전적 요인인 유전자 변이, 가족력, 성별, 인종 등과 같이 태어날 때부터 받은 요인은 지금의 과학과 의료 기술로 바꾸거나 조정하기 어렵다. 반면 매일 먹는 음식, 약, 건강 보조 식품, 기호 식품, 운동, 취미, 그리고 성격이나 습관 같은 비유전적 요인은 우리의 의지로 조절이 가능하며 자주 변한다. 또 다른 비유전적 요인 중 하나인 환경적 요인에는 거주 지역, 국가, 직장, 학교와 날씨, 공해 등이 속하는데 매일 생활하고 살아가는 장소와 밀접한 관계가 있다.

이렇듯 우리의 질병은 어느 한 가지 요소 때문에 발병하기보다는 여러 요인의 복합적인 상호 작용에 의해 생긴 것으로 봐야 한다. 그러므로 나의 유전적 요인과 비유전적 요인의 상관관계를 제대로 알고 적극적으로 대처한다면 대부분의 질병은 발생 위험도가 낮아져 예방이나 지연이 가능해진다.

다행히 우리는 인간의 유전자 지도를 가진 첫 번째 세대가 되었다. 개인들도 유

그림 6 미국 「MIT 기술 보고서(MIT Technology Review)」에서 2018년 10 대 혁신 기술로 "유전자 점(Genetic fortune-telling)"을 소개했다. 개인들이 유전자를 이용해 질병과 건강을 미리 예측하고 예방하며 본인의 특성과 자질도 파악해 미래를 준비하는 시대가 갑자기 도달했다고 발표했다.

전체 분석으로 자기 자신의 건강상 취약점이나 선천적 특성 등을 파악할 수 있다. 질병에 걸린다면 어떤 약이나 치료 방법이 자신에게 가장 적합한지도 미리 알 수 있다. 유전자라는 정보를 이용해 다가올 운명을 예측하고, 미래를 계획하며, 자신에게 유리하도록 조정할 능력을 갖게 된 것이다. 이에 미국「MIT 기술 보고서」에서는 2018년 10 대 혁신 기술 중의 하나로 '유전자 점Genetic Fortune-Telling' 기술을 소개하면서 많은 사람들이 개인의 유전자 정보로 미래의 건강을 파악하고 본인의 적성 및 특성과 성격까지도 분석하는 시대가 갑자기 도래했다고 발표했다. 유전자 검사를 통해 나의 미래를 알아보는 것이다. 유전자 검사 서비스를 통해 건강 예측뿐만 아니라 전공이나 직업의 적성, 결혼을 앞둔 신랑 신부의 유전적 궁합까지 다양한 미래를 미리 살펴보는 것이 가능해진 것이다. 매년 세계 최첨단 혁신 기술을 소개하는「MIT 기술 보고서」에서 "점"이라는 비과학적인 용어를 사용했다는 것도 특이한 일이다.

하지만 미리 질병이나 건강을 예측할 수 있더라도 그에 대한 예방이나 개선의 방법이 없다면 별 소용이 없다. 일부의 경우 미래를 예측하는 것이 오히려 더 큰 심리적 고통을 야기할 수도 있다. 따라서 이 책에서는 유전자를 통한 개인의 유전 질환 위험도와 비유전적 위험 원인을 파악한 후 과학적이고 체계적인 방법으로 질병의 위험성을 최소화하거나 피할 방법을 알아본다. 이러한 유전적 위험도에 기반을 둔 질병의 예측과 예방이 미래의 건강과 행복을 지킬 최상의 방법이 될 것이다.

그렇다면 지금까지의 의학과 개인의 유전자 지도를 이용한 의학은 무엇이 다른가?

전통적인 서양 의학은 질병의 치료에 집중했으나 선제적인 예측을 통한 예방에는 소홀했다. 치료에서도 개개인의 차이점을 고려하기보다는 그 질병에 대한 획일적인 치료나 처치 방법을 따랐다. 이에 반해 유전자 분석을 통한 개인별 데이터를 가지고 치료를 하면 보다 정밀한 개인 맞춤 의료가 가능해지므로 예전과는 다른 차별화된 건강 관리와 질병 예방 및 치료가 이루어지는 시대가 될 것이다.

하지만 아직도 많은 사람이 유전자 검사에 대해 편견이나 부정적인 생각을 가지고 있다. 유전자 검사는 심각한 질병의 진단이나 희귀 질환과 연관된 것이므로 건강한 사람은 해볼 필요가 없다고 치부하는 이가 많은 것이다. 또 다른 일부에서는 유전자 분석은 범죄자를 잡거나 피의자를 찾기 위한 수사와 연계된 것이라고 생각한다. 드라마에서 자주 보듯이 친자확인소송을 하거나 불륜 관계를 밝히는 데에만 유전자 검사가 쓰인다고 여기는 사람도 많다.

이런 좁은 생각에서 벗어날 필요가 있다. 이제는 건강한 사람도 자신의 유전자를 해독하고 그 내용을 분석하는 새로운 개인 유전체 혁명의 시대가 열리고 있는 것이다. 왜 개인이 유전체 분석을 해야 하고, 유전자에 대해서 파악하고 있으면 어떤 이익이나 혜택을 누릴 수 있는지 제대로 안다면 개인 유전체 시대의 유전자 활용도는 상상을 초월할 것이다. 새로운 산업에 적용될 것이며 모두의 건강과 행복을 증진할 수도 있다.

　나는 이 책을 통해 많은 사람이 유전자 검사에 대한 부정적인 선입견을 버리고 그의 진정한 가치를 파악하길 바란다. 유전자 정보가 지닌 의미와 값어치를 알 수 있게 되기를 진심으로 희망한다. 그리하여 '4차 유전체 혁명'인 '개인 유전체'와 '호모 헌드레드' 시대를 통해 모두에게 새로운 도약과 발전의 기회가 되기를 진심으로 바란다. 그럴 때 우리는 진정으로 건강하고 행복한 100세 장수의 축복을 누리게 될 것이다.

　앞으로 다룰 내용을 통해 질병 예측과 예방 의학이 지닌 엄청난 잠재력과 영향력을 알아보자. 개인 유전 정보를 아는 것이 인류에게 어떤 축복과 혜택으로 다가올지 가늠할 수 있게 될 것이다.

100만 원 게놈 시대와 개인 유전체

새로운 기술에 대한 마케팅적인 관점으로 본다면 100만 원(1000달러)이라는 가격은 아주 중요한 전환점이다. 100만 원 이상의 가격에서는 고객이 새로운 기술이나 상품에 관심을 가지기가 힘들 수 있다. 10만 원 이하의 가격에서는 오히려 새로운 기술이나 상품의 가치를 제대로 느끼지 못하고 관심이 줄어들 수도 있다고 한다.

가격이 100만 원보다 높으면 경제적인 부담 때문에 더 낮은 가격대가 형성될 때까지 기다리는 경향이 있어 상품이 빛을 발하기 힘들다. 반면에 100만 원 미만의 가격은 새로운 기술과 서비스 시장에서 가격에 대한 제약이 약해지는 선이다. 누구나 새로운 기술이나 상품을 구매하고 사용하는 일반화, 대중화가 가능해진다. 이 가격이 형성되면 새로운 기술의 이용은 고객의 선택이 아니라 그 시대의 트렌드가 될 수 있다.

100만 원이라는 가격대가 개인 유전체 시대에 주는 의미 또한 비슷하다. 불과 10여 년 전만 해도 '개인 유전체'라는 말은 아주 생소했다. 그도 그럴 것이 최초로 인간 유전체를 분석할 때만 해도 수천 명의 과학자가 10년 이상의 시간 동안 수조 원의 비용을 들여야 했다. 그런 상황에서는 전장 유전체 분석을 개인도 할 수 있는 시대가 올 것이라 상상하기조차 어려웠다. 하지만 이제 개인 유전체 분석을 통해 유전자 지도를 갖는 것이 쉽게 가능한 시대가 되었다. 이제는 누구도 개인 유전체 시대의 도래에 의구심이나 거부감을 느끼지 않는다.

개인 유전체 시대의 도래는 누구나 큰 부담 없이 새로운 기술에 관심을 갖고 경험할 기회를 누릴 수 있다는 점에서 큰 의미가 있다. 동시에 그동안 존재하지 않았던 새로운 유전자 관련 시장과 다양한

그림 7 인간 최초로 개인 유전체 분석을 한 크레이그 벤터 박사(좌)와 제임스 왓슨 박사(우). 크레이그 벤터 박사는 기존의 1세대 시퀀싱 장비를 사용해 2007년 세계 최초로 개인 유전체 분석을 했다. 그다음 해 제임스 왓슨 박사는 2세대 시퀀싱 장비로 개인 유전체 분석을 해 두 번째 성공자가 되었다.

산업 분야에 혁명의 기회가 만들어진다는 점도 빼놓을 수 없다.

여기서 잠깐 인간 유전체 분석이 어떠한 과정을 통해 개인 유전체 시대까지 이어졌는지 살펴보는 것도 재미있을 것이다. 그 시작은 인간 유전체 프로젝트 완성 후로 거슬러 올라간다. 인간 유전체 프로젝트 완성 후 최초로 개인 유전체를 분석한 사람은 셀레라Cellera 사의 전 사장 크레이그 벤터Craig Venter 박사다. 그는 2007년 자신의 전장 유전체를 분석하는 데 기존의 1세대 생어Sanger 분석 기술을 이용했으며, 4년 동안 약 1000억 원(1억 달러)의 비용을 들인 것으로 알려졌다.

그 후 NGSNext Generation Sequencing 즉 차세대 유전체 유전자 해독 방법 기술이 나오면서 비용이 급격하게 하락하기 시작했다. DNA 이중 나선 구조Double Helix 발견으로 노벨상을 수상한 제임스 왓슨James Watson 박사는 두 번째로 개인 유전체 분석을 발표했는데, 그의 경우 2008년 초기에 454라는 회사의 파이로시퀀싱Pyrosequencing 기술을 이용한 NGS 방식으로 전장 유전체를 분석하는 데 2년여의 시간과 약 20억 원(200만 달러)의 비용이 들었다고 한다.

이후 다양한 NGS 방식의 장비가 시장에 나오면서 가격 하락의 경쟁이 불붙었다. 2008년 출시한 일루미나Illumina사의 게놈 애널라이저Genome Analyzer; GA 장비로 수억 원대에 개인 전장 유전체 분석이 가능하게 되었고, 2010년 하이식HiSeq이라는 해독 장비가 일루미나사에서 출시되면서 1000만 원대 유전체 분석 시대가 열렸다.

그 당시 일루미나사 대표였던 제이 플래틀리Jay Flatley 사장은 하이식을 발표하면서 조만간 100만 원(1000달러) 게놈 시대를 열겠다고 선언하며, 2019년 경에는 미국의 모든 신생아가 전장 유전체 분석을 하는 시대가 될 것이라고 예견했다.

하이식 출시 이후 일루미나사의 해독 장비는 개인 유전체 분석 시장의 표준 기술로 자리 잡게 되었다. 그리고 2014년 1월 일루미나사는 하이식 X10이라는 기능과 용량이 향상된 해독 장비 세트를 출시하며 $1000달러(100만원) 유전체 해독을 가능하게 한다. 이로서 100만 원대에 개인 유전체 전장을 해독하는 시대를 본격적으로 열게 된 것이다.

그로부터 3년 후인 2017년 1월 일루미나사의 새 대표인 프랜시스 데소자Francis Desouza 사장은 노바식NovaSeq이라는 새로운 장비를 발표하면서 조만간 100달러 대(10만원대)의 개인 전장 유전체 해독 시대를 맞이하게 될 것이라고 예언했다. 그러나 아직 공식적으로 그런 시대는 도래하지 않았다. 지금도 개인 전장 유전체를 분석하는

그림 8 시퀀싱 장비의 발전 1세대 유전체 혁명을 이끈 생어 시퀀싱 방식의 ABI 3700 장비(좌)와 최초의 2세대 시퀀싱 장비로 알려진 454 장비(가운데). 일루미나사의 게놈 애널라이저 장비(우)의 도입으로 본격적인 개인 유전체 시대를 열게 되었다.

데 100만 원 이상의 비용이 든다고 보면 된다.

　하지만 일루미나사는 해독에 약 1000만 원의 비용이 들었던 2009년도 당시 최초로 하이식이라는 장비를 출시하면서 100만 원 대 개인 유전체 해독 시대를 선언했고, 5년 후 실제로 그 약속을 지켰다. 시간은 조금 늦어질지 모르지만 실제로 10만 원대 전장 개인 유전체 분석 시대는 분명히 올 것이다. 일반적인 견해로는 적어도 3년은 더 걸릴 것이라 하지만 분명한 사실은 10만 원대 개인 유전체 해독 시대가 되는 것은 이제 시간문제이고, 누구도 불가능한 일이라고 의심하지는 않는다는 것이다. 오히려 사람들은 대중화된 개인 유전체 시대가 오면 이 사회가 어떻게 변화할지 호기심을 갖고 준비하며, 새로운 산업의 활성화를 기대하고 있다.

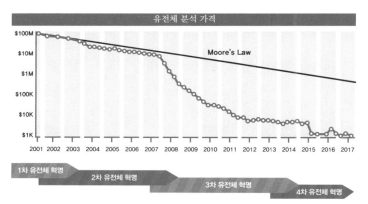

그림 9　유전체 분석 가격의 하락과 함께 1차, 2차, 3차 그리고 4차 유전체 혁명의 시대가 전개되었다. 1차와 2차 시기에는 기존의 PCR(Polymerase Chain Reaction) 분석 기반 유전체 해독 장비를 활용해서 표준 유전체를 만들었으며 이에 기반을 둔 연구 중심의 유전체 시장이 형성되었다. 3차 유전체 혁명은 NGS의 보급으로 시작되었는데 2014년 유전체 해독 1000달러 시대를 맞아 본격적으로 4차 유전체 혁명인 개인 유전체 분석에 돌입하고 있다.

개인 유전체로부터 오는 정밀 의학

요즘 인터넷이나 신문에서 정밀 의학Precision Medicine이 자주 소개된다. 정밀 의학으로 인해 의료와 진료의 혁신이 일어나게 될 것이라는 내용이다. 정밀 의학의 사전적 의미를 보면 환자 개인의 차이점과 고유 정보에 기반을 둔 새로운 의료 모델로 맞춤 헬스케어를 통한 의료 결정과 실행을 한다고 나와 있다. 예전에는 개인 맞춤 의학 Personalized Medicine이란 말을 더 많이 사용했다. 하지만 2015년 미국 오바마 행정부가 정밀 의학 계획Precision Medicine Initiative을 발표한 후 많은 언론이나 기사에서 차세대 의료의 새로운 패러다임으로 정밀 의학을 강조하기 시작하면서 개인 유전체의 중요성에 더욱 관심을 갖게 되었다.

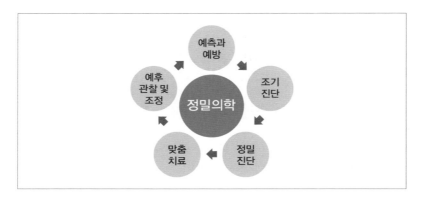

그림 10 정밀 의학의 단계와 발전. 정밀 의학은 환자의 정보를 활용한 새로운 맞춤 의료로 예측과 예방, 조기 진단, 정밀 진단, 맞춤 치료와 예후 관찰 및 조정의 단계를 거치면서 의료와 헬스케어 모든 분야의 혁신을 가져온다.

그런데 이는 곧 지금까지의 의학은 정밀하지 않았다는 이야기가 된다. 사실 그동안의 서양 의학은 표준 의학Standard Medicine 또는 획일적인 의학One-Size-Fits-All에 기반한 치료의학 이라고 표현 하는 것이 맞을 것이다. 표준 의학은 개인적인 차이나 세부적인 질병의 종류를 고려하지 않고 각각의 질병에 대해 모든 환자에게 표준적인 진단과 치료법을 제시하는 것이다. 일단 환자에게 표준 방식을 적용하고 난 다음에 효과가 없다든지 부작용이 발생하면 다른 방법을 시도해 보는 시행착오Trial & Error에 의한 치료와 처방 방법이다. 또한 질병의 예측이나 예방보다는 발병한 질병의 치료와 처치에 치중한다.

반면 정밀 의학이란 개인의 차이를 인정하고 다양한 정보를 종합적으로 분석해 각각의 개인에게 최적화된 질병 예방과 진단 및 치

게놈혁명 : 호모 헌드레드 프로젝트

료를 하는 것으로, 최고의 치료 효과를 보기 위한 맞춤화된 의료 방법을 종합적으로 일컫는다. 정밀 의학의 실행을 5단계로 구분해서 알아보면 이해가 좀 더 쉬울 것이다.

정밀 의학 실행의 1단계는 예측과 예방Prediction & Prevention이다. 이때 예측을 위해 가장 필요한 정보는 타고난 개인 유전자에 대한 것과 현재 및 과거의 건강 정보다. 개인 유전자 정보를 포함한 환자의 다양한 정보로 과거의 질병을 분석하고, 현재의 건강 상태를 파악함으로써 발생 가능한 질병이나 질환의 위험도를 측정해 각각의 질병에 대한 개인의 발병 가능성을 예측한다. 그리고 이러한 정보를 바탕으로 최선의 예방책으로 환자가 생활 습관 변화와 건강한 식단 조절을 할 수 있도록 유도한다. 필요시에는 추가적인 예방적 조치나 선제적 처방을 제시해 질병의 발생을 일찍부터 최대한 막거나 최대한 지연시킨다.

2단계는 조기 진단Early Diagnosis이다. 암을 비롯한 많은 질병은 초기에 정확하게 진단해 조치하면 대부분 치료가 가능하고 그 위험을 최소화할 수 있다. 즉 최소의 노력과 최저의 비용으로 그 질병을 극복할 수 있는 방법이 조기 진단인 것이다. 만성 질병은 오랜 시간을 두고 서서히 발병하므로 많은 경우 초기에 발견해 필요한 조치를 취하기 쉽지 않다. 특히 암은 조용한 킬러Silent Killer라 할 정도로 초기에는 증상이 거의 없어 진단을 받았을 때는 벌써 많이 진행되었기 십상이다. 이런 상태에서는 치료가 쉽지 않고 재발의 위험성이 높다.

3단계는 정확하고 정밀한 진단Accurate & Precise Diagnosis이다. 기존의 진단 방법은 오진율이 높고 비효율적이며 침습적인 것이 대부분이다. 하지만 최근 다양한 유전체 분석을 기반으로 한 차세대 진단 검사 방법이 속속 개발되었으며, 이에 따라 정확도와 편의성, 안전성 등도 한층 높일 수 있게 되었다. 예를 들어 임신부가 하는 기존의 산전 진단 검사는 무척 번거롭고 부정확할 뿐 아니라 침습적인 방법으로 그 위험성이 높고 비효율적이었다. 이에 반해 새로 개발된 세포 유린 염기 서열Cell Free DNA: cfDNA 분석을 통한 비침습적 산전 진단 검사Non-Invasive Prenatal Testing는 기존 방법의 한계와 문제점을 해결한 아주 혁신적인 기술에 힘입어 지난 5년 사이 그 시장이 엄청나게 확대되었다. 암의 경우도 최근 관심이 증가하고 있는 액상 생체 검사Liquid Biopsy 기술은 기존의 선별 검사로 알아낼 수 없었던 조기 암을 유전체 검사를 통해 미리 발견하거나 진단이 가능할 것으로 기대된다.

4단계는 맞춤 치료Personalized Treatment다. 알고 있겠지만 모든 사람이 각각의 질병에 반응하는 것이 다르며 치료에 대한 결과도 제각각이다. 하지만 그동안 서양 의학은 개인의 다양성을 고려하지 않고 치료를 하거나 약물을 처방해왔다. 그러다 보니 어떤 질병에 걸렸을 때 처방받은 약의 효력이 50% 정도의 환자에서만 나타난다는 것이 많은 임상 실험을 통해 입증되었다. 그뿐만 아니라 일부 약은 환자에 따라 심각한 부작용을 불러와 심한 경우 목숨을 잃을 수도 있었다. 이런 부작용을 줄이기 위해 요즘은 신약을 만들 때 개인의 유전적 특징과 비유전적 차이를 고려한 맞춤 약을 개발하는 경우가 많다. 처방에서도 개인 유전자의 차이를 염두에 두고 처방을 하는 약물 유전체Pharmacogenomics 서비스가 서양에서부터 크게 각광을 받고 있다.

마지막 5단계는 치료 후 예후와 모니터링Adjust Treatment & Monitoring이다. 많은 질병이 치료 후 재발하거나 다양한 합병증과 부작용으로 고통을 유발한다. 특히 암의 경우, 재발을 방지하거나 재발이 되더라도 일찍 찾아내는 것이 매우 중요하다. 또한 대부분의 장기 이식 환자는 이식 후 갑자기 급성 이식 장기 거부 반응이 발생할 경우 큰 문제가 된다. 따라서 암이나 장기 이식 환자는 치료 후 꾸준한 예후 관리와 재발 모니터링이 치료의 성공률을 높이고 부작용을 줄이는 최선의 방법이다. 예전에는 이러한 예후를 관찰하기 위해 아주 위험하고 침습적인 조직 검사를 해야만 했다. 많은 경우 검사의 정확성, 민감도, 그리고 진단의 재현율이 낮아 조기 발견의 기회를 놓치고 조기 치료의 기회마저 잃곤 했다. 하지만 요즘의 정밀 의학은 비침습적인 유전체 검사 방법에 의한 암 예후 추정, 약물 반응 모니터링과 장기 이식 거부 예측 검사 등으로 기존 진단 방법의 한계를 극복한 새로운 서비스를 제공할 수 있게 될 것이다.

나의 의료 선택과 앤젤리나 효과

세상을 혁신적으로 변화시키는 새로운 기술과 산업이 발생하기 전 가장 중요한 것은 그 변화에 대한 일반인들의 이해와 인식이다. 아무리 좋은 기술 개발과 사회적 변화도 일반인의 바른 인식과 이해, 그리고 관심이 없다면 결코 크게 성장하거나 발전할 수 없다.

개인 유전체를 기반으로 한 정밀 의학 시대의 도래에 가장 큰 사회적인 이해와 인식의 변화를 가져온 사람은 누구일까? 많은 사람이 DNA 구조를 발견한 제임스 왓슨 박사나 게놈을 세계 최초로 분석하기 시작한 크레이그 벤터 박사, 그리고 1000달러 게놈 시대를 연 일루미나사의 제이 플래틀리 회장을 생각할지도 모른다. 하지만 실제로 지금의 새로운 유전체 사회를 가져오는 데 가장 큰 사회적 인식 역할을 한 사람 중 하나는 할리우드 배우이면서, 인권 운동가로도 유명한 앤젤리나 졸리Angelina Jolie가 아닐까 한다.

앤젤리나 졸리는 2013년 5월 15일 「뉴욕 타임스」에 '나의 의료 선택My Medical Choice'이라는 글을 직접 기고했다.

이 내용을 살펴보면 앤젤리나의 어머니는 유방암과 난소암으로 8년간 투병하다 2007년 56세의 나이로 세상을 떠났다. 어머니뿐만이 아니다. 할머니도 암으로 세상을 일찍 떠났다. 이를 알고 있던 앤젤리나 졸리는 유전자 검사를 통해 자신과 그녀의 가족이 BRCA1이라는 유전자 변이를 가지고 있다는 사실을 확인한다. 이 유전자 변이로 인해 그녀의 가족들은 70세 이전에 유방암이 발병할 확률이 무려 80%나 되었으며 난소암의 경우도 63%나 되었다. 이에 그녀는 2013년, 38세의 나이에 예방적 차원의 유방 절제술Preventive Mastectomy을 받고, 그다음 해에는 난소 절제술까지 받았다. 이렇게 앤젤리나가 예방적 차원에서 수술을 받고 난 몇 개월 후 그녀의 이모가 유방암으로 세상을 떠났다는 소식이 전해졌다. 이런 사실에 미루어 앤젤리나의 가족들이 유방암과 난소암에 취약한 유전자를 가지고 있음이 분명해 보인다.

앤젤리나는 이 글에서 자기의 어머니를 소개하면서, 자신이 유전자 검사를 받고 수술하게 된 과정에서 경험한 일들을 상세히 기술했다. 그리고 자신의 이야기를 통해 다른 사람들이 도움을 받기를 원한다고 했다. 그녀는 유전자 검사 결과 암 발생의 위험도를 알게 되었을 때, 그 위험을 최소화하기 위해 선제적인 예방 조치를 결정했다고 밝혔다. 그리고 인생에는 많은 도전과 위험이 있겠지만 만약 그 질병의 위험을 낮추는 방법이 있다면 그것을 선택하는 것에 대해 두려워하지 말아야 한다고 강조했다. 자신은 선제적인 예방 조치로 유방암의 발생 확률이 5%로 낮아졌으며, 이는 6명의 아이의 엄마로서 가장 올바른 선택이었다고도 했다.

앤젤리나는 이 글의 마지막에 미국에서는 유전자 검사에 3000달러(한화 약 300만 원) 이상이 들기 때문에 일반 사람이 검사를 하는 것에 큰 장애가 된다고 말했다. 생명을 구할 수도 있는 예방적 조치의 유전자 검사를 보다 많은 사람이 쉽고 저렴하게 할 여건을 만드는 것이 무엇보다 중요하다는 점을 강조하며 글을 마쳤다.

이러한 앤젤리나 졸리의 신문 기고 이후 미국의 「타임」지는 '앤젤리나 효과The Angelina Effect'라는 표지 글을 통해 안젤리나 졸리 때문에 많은 사람이 유전체 검사와 질병 예측 유전자에 대해 이해를 하게 되었음은 물론 그 예방적 조치에도 큰 관심을 갖게 되었다는 내용을 올렸다.

앤젤리나 효과는 예측 유전자 검사의 결과에 따른 예방적 조치에 파급이 미치는 데 그치지 않았다. 유전자 검사를 통해 알게 된 정보와 그에 따른 의료적 결정과 행동이 영향을 줄 수 있는 과학적, 의료적 결과 이외에도 많은 사회적, 윤리적, 법적인 이슈를 불러오게 되었다. 유전자 검사와 이를 통한 선제적 의료 행위에 대한 찬성과 반대의 글이 기고되었으며, 유전자 검사에 대한 일반인들의 관심이 증폭되었음은 물론이고 유전자 및 정밀 의학 분야에 대한 다양한 이슈가 하나씩 관심 대상으로 올라오기 시작했다.

앤젤리나도 이러한 잠정적인 이슈를 잘 알고 글을 썼을 것이다. 그래서 그녀는 글의 제목을 '나의 의료 선택'이라고 한 것이다. 자기 자신이 건강과 질병 문제에 대한 구체적인 결정자이며, 예방 의료 결정 역시 개인의 선택임을 강조한 것이다. 일반적인 의료의 선택은 보통 환자 개인의 결정에 의해 이뤄지기보다는 의사나 전문가의 소견과 의료의 선례에 따라 이루어진다. 하지만 앤젤리나 졸리는 무엇보다 자신이 선택에 대한 결정인이라는 점을 강조함으로써 환자 자신의 지식과 정보에 대한 판단이 새로운 의료 패러다임을 만들고 있는 시대가 도래했음을 보여준 것이라고 생각한다.

나의 유전체를 안다는 것

자신을 제대로 알기 위해선 먼저 나라는 인간 자체를 알아야 하고, 그다음에는 타인을 이해할 수 있어야 한다. 이를 바탕으로 남들과 나의 차이를 알아가는 것이 자신을 이해하는 가장 좋은 방법일 것이다. 나의 유전자를 이해하는 과정도 마찬가지다. 인간 유전체의 정보를 바탕으로 남들과 나의 차이를 이해하고, 비교 분석해 그 의미를 파악할 때 진정한 나의 유전체가 가진 의미를 발견하게 된다.

　나를 정의하고 나에게 가장 중요한 정보가 될 수 있는 것은 대체 무엇일까? 과연 무엇이 나를 나로서 정의하고 인정하게 만드는 것일까? 나는 그 첫 번째가 '기억'이라고 생각한다. 내가 나인 가장 큰 이유는 내가 살아온 인생, 내가 가진 지식, 내가 아는 사람들 그리고 내가 보고 느낀 나의 소중한 기억들을 알고 있다는 것이다. 만약 내가 이런 모든 기억을 어느 순간 잃어버린다면 비록 같은 몸을 가지고 있다 하더라도 진정한 나로서 의미를 상실하게 되는 셈이다. 인류가 가장 두려워하는 질병 중 하나가 치매인 이유도 나의 기억을 잃어버려 정체성이 없어지는 질병이기 때문이 아닌가. '기억'이라는 소중한 정보는 지금까지의 기술로는 남이 정밀하게 분석하는 게 불가능할 뿐 아니라 나의 머리 이외 어디에도 저장할 수 없다. 그러니 그 기억이라는 정보를 따로 활용하는 것도 전혀 불가능한 일이다.

이러한 나의 기억만큼 중요한 것이 나의 몸을 만들고 나의 모든 특성과 함께 건강을 결정하는 유전자 속에 담겨 있는 'DNA 정보'다. 나의 유전체 속에 있는 DNA 정보야말로 나만의 고유한 설계도인 것이다. 즉 DNA 정보는 선천적인 나인 것이고 기억의 정보는 후천적인 나를 만들어 가는 것이다. 이러한 선천적 후천적 정보에 의해 내가 있는 것이다. 근래 과학 기술의 발전에 힘입어 개인의 세포마다 담겨 있는 DNA를 정확하게 읽어내고 분석할 수 있게 되었다. 그 정보를 정밀하게 분석해 나를 제대로 이해할 수 있게 되었고, 더 나아가 건강과 행복한 미래를 설계할수 있는 놀라운 시대가 열리고 있는 것이다. 이 소중한 DNA 유전자 정보야말로 내 몸에 자리한 수십조 개의 모든 세포를 만든 기본 설계도이며 지금의 나를 있게 하고 미래를 만들어갈 정밀한 지도이며 설명서인 것이다. DNA 설계도에 나의 과거 모습과 현재의 상태 그리고 미래의 건강과 행복한 생활을 위한 귀중한 정보가 담겨 있다. 이 설계도는 나의 조상들로부터 고유하게 전달받은 것으로, 아버지와 어머니가 아주 공평하게 나누어 주신 가장 소중한 선물이다. 결혼하면 나 역시 자손은 물론 후손에게까지 물려주어야 하는 나만이 가진 이 세상에서 가장 중요한 상속 재산인 것이다.

나의 유전자 속에는 지구 역사 45억 년의 이야기와 함께 우리 부모와 선조의 역사와 지혜 그리고 자식과 후손에게 남길 나의 모든 인생과 영혼이 담겨 있다. 내가 이 유전체를 좀 더 잘 알고 나의 장점과 단점을 미리 파악한다면 건강하고 행복한 삶을 살 수 있을 뿐 아니라 나에게 더 잘 맞는 학습법, 취미, 적성은 물론 직업을 선택할 때도 도움이 된다. 이는 최근 유전적인 개인의 성격과 성향을 파악해 적성을 찾고 그에 맞는 전공과 직업을 안내해주는 유전자 분석 서비스가 생겨나고 있는 것을 보면 알 수 있다.

다시 말하지만 개인의 유전자는 이 세상에서 유일한 자신만의 고유한 정보이며, 소중한 재산이다. 인류가 살아온 이래 나와 똑같은 유전자를 갖고 태어난 사람은 존재하지 않는다. 마찬가지로 나와 유전자가 똑같은 사람은 미래에도 영원히 존재하지 않을 것이다. 일란성 쌍둥이의 경우에도 같은 유전자를 가지고 태어났다고 하지만 아주 미세한 유전적 차이점이 있고 일부 유전자는 다르게 발현한다.

중요한 사실은 나의 유전자 정보를 나만 알고 있으면 그 가치는 제한적일 수밖에 없다는 것이다. 개개인의 유전자와 건강 정보를 서로 공유하면서 타인과 비교 연구할 때 유전자 정보는 자신의 질병뿐 아니라 타인의 질병이나 유전적인 문제점까지도 파악하고 해결하는 데 도움이 된다. 지금까지 알려진 거의 대부분의 유전자와 질병 연구는 많은 사람의 유전자 정보를 서로 비교 분석한 데 따른 것이다. 이 세상에서 가장 고유하고 정교하며 중요한 자신의 유전자 정보를 알고 이를 활용해 우리 모두의 미래를 밝히고, 인류에게 건강과 희망을 선사할 수 있는 시대가 왔음을 기쁘게 생각한다.

나의 유전자를 알면 병을 다스릴 수 있다

100세 시대를 누리는 데 가장 큰 적은 살아가면서 직면하게 되는 다양한 질병이다. 그러나 자신의 유전자를 알면 많은 질병에 대해 사전 대책을 세우거나 싸워 이길 수 있다. 내가 어떤 질병에 취약한지, 어떤 약물에 좋은 반응을 보일지, 어떤 치료법이 가장 효과적일지도 유전자가 알려주는 것이다. 유전자 정보로 선천적 질병의 위험도를 알고, 환경이나 생활 습관 같은 비유전적 요인을 잘 파악하고 조정할 수만 있다면 유전적 위험도에 기인한 특정 질병에 대한 맞춤 예방과 치료 계획 또한 미리 준비하는 게 가능한 시대가 되었다.

예측에 의한 예방 의학

예방 의학은 앞으로 발생할 질병과 위험 요인을 조사하고, 둘 사이의 관련성 분석을 통해 질병의 원인을 밝혀내고 건강을 증진하는 것을 목적으로 한다. 미국의 경우 의료비가 연간 3조 달러로 국내 총생산GDP의 17% 정도인데 이 수준이 8년째 유지되고 있다. 이렇게 세계 최고의 의료 비용을 지출하는 나라지만 실제 의료의 질이나 접근성은 높지 않은 비효율적인 구조를 지녔다. 이에 미국은 2010년 이후 의료 비용을 줄이기 위한 다양한 시도를 했다. 특히 '오바마 케어Obamacare'라는 건강보험개혁법안을 시행하면서 의료의 사각지대에 있는 많은 사람에게 의료 혜택을 줄 수 있게 했다.

그동안 미국의 의료비가 높은 원인 중 하나는 의료의 사각지대에 있는 사람들이 질병이 심해져서 응급실을 찾기 전에는 의료 혜택을 받기 어려웠기 때문이다. 이미 질병이 발생하고, 심각해진 상태의 환자를 치료하는 것은 결과적으로 더 많은 비용이 든다. 이는 국가적인 손실을 상승시키는 동시에 환자에게는 큰 고통을 겪게 만든다. 그러나 오바마 케어 시행 이후 많은 사람이 기존의 의료권으로 들어오게 되어 질병을 예방하거나 조기에 치료하는 것이 가능해졌고 결과적으로 전체적인 의료비도 줄이는 효과를 얻었다.

미국은 의료비를 낮추고 국민의 건강을 증진하기 위해 국가가 관여하는 의료보험 체계인 오바마 케어를 시행한 이후 대통령 직속으로 정밀 의학 계획Precision Medicine Initiative을 만들어 2015년 발표

　　　　　　　　　　　　　계놈혁명 : 호모 헌드레드 프로젝트

했다. 그리고 예측과 예방을 시작으로 한 의료의 효율을 높이는 작업을 본격적으로 추진했다. 이러한 노력으로 2000년 이후 10여 년 동안 계속 증가하던 의료비가 2010년 오바마케어 실시 후 증가폭이 줄기 시작했으며, 지난 몇 년간 17%대를 계속 유지하고 있다.

한국의 의료비는 GDP 대비 7% 정도로 미국에 비해 낮은 편이지만 증가 속도가 계속 빨라지는 것이 최근 큰 사회적 부담으로 다가오고 있다. 한국의 급속한 인구 고령화, 의료의 질적 향상 등으로 인해 다양한 노력에도 불구하고 그 증가세가 꺾이지 않고 있다. 더욱이 계속되는 저출산과 노령 인구 증가로 역삼각형의 인구 구조를 보이므로 의료비 지출은 더 커질 것으로 예측된다.

이런 상황에서 문제는 한국의 의료 시스템이 질병의 치료 쪽에 치우쳐 거의 모든 예산과 노력이 집중되어 있다는 것이다. 노령 인구의 증가로 가중될 의료 비용을 생각한다면 질병의 예측과 관리를 통한 예방의 비중을 좀 더 확대해야 한다. 이를 가능하게 하는 것은 유전체 정보를 활용하는 것이다. 앞으로 유전체 분석을 바탕으로 한 개인의 질병 예측 등을 활용해 의료 비용을 절감할 필요가 있다.

질병의 유전적 요인과 비유전적 요인의 상호 작용

건강했던 몸에 질병이 생기는 것은 여러 가지 복합적인 원인이 상호 작용을 해 질병 발생의 기준을 넘었기 때문이다. 그림에서 보는 바와 같이 사람들은 어떤 특정 질병에 걸릴 질병위험을 가지고 살아가지만 모두가 병에 걸리는 것은 아니다. 어떤 사람은 발병하고, 또 다른 사람의 경우에는 건강한 삶을 살기도 한다. 병에 걸리지 않고 건강을 유지하는 것은 유전적 요인과 비유전적 요인을 합해도 질병을 발생시킬 한계점Threshold에 다다르지 않았기 때문이다. 반면 유전적 위험이 낮더라도 두 가지를 합쳐 한계점이 넘으면 병은 발생한다.

물론 어떤 질병에 대해 유전적 위험이 일반인보다 높은 사람은 그 질병이 발생할 확률이 일반인들에 비해 훨씬 높을 수 있다. 이때는 위험을 미리 알고 대처하는 것이 중요하다. 비유전적 위험 요인을 꾸준한 노력으로 개선하거나 없애게 되면 결과적으로 질병 발생의 한계점을 넘지 않아 그 질병은 발병하지 않게 된다.

반대로 유전적 질병의 위험도가 낮은 사람은 당연히 그 질병이 발생할 확률은 선천적으로 낮겠지만, 제대로 건강을 관리하지 않고 불건전한 생활 습관과 나쁜 환경으로 비유전적 위험 요인이 증가 하면 결국 낮은 유전적 위험 요인에도 불구하고 그 질병에 걸릴 수 있다.

유전자 검사를 통해 선천적 질병에 대한 위험도를 파악하는 예측과 그에 따른 질병 예방 의학이 중요한 이유가 여기에 있다. 특정 질병에 대한 위험도를 제대로 파악한다면 그에 상응하는 비유전적 요인을 관리해 건강을 유지할 수 있는 것이다.

최근에는 기계 학습Machine Learning을 통한 인공지능Artificial Intelligence으로 각종 암의 유전적 요인과 비유전적 요인을 효과적으로

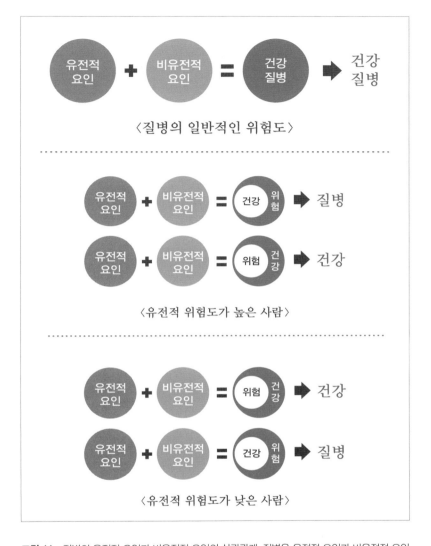

그림 11 질병의 유전적 요인과 비유전적 요인의 상관관계. 질병은 유전적 요인과 비유전적 요인의 합이 어떤 기준치(Threshold)를 넘으면 발병한다. 따라서 유전적 요인이 높아도 비유전적 위험도를 낮추면 발병을 억제할 수 있다. 반면 유전적 요인이 낮다 하더라도 습관이나 환경 같은 비유전적 요인의 위험도가 높으면 질병으로 발전할 수 있다. 질병의 원인과 유전적 요인을 파악함으로써 많은 질병을 예방하거나 관리할 수 있다.

분석할 수 있는 방법이 제시되고 있다. 한국이 낳은 세계적인 과학자로 미국 버클리대학과 인천대학 교수인 김성호 박사는 최근 발표한 논문에서 인공지능을 활용한 유전체 분석을 통해 암의 위험도를 예측할 경우, 기존의 유전자 분석 방법으로 알아내기 어려웠던 특정 질병이나 질환의 유전적 위험도와 비유전적 요인까지 함께 파악이 가능하다고 했다. 또한 기존에 알려진 것보다 많은 암이 유전적 요소에 영향을 크게 받을 뿐 아니라, 각각의 암은 유전적 요인과 환경적 요인의 구성이 다르다고 했다.

2장
유전체 혁명의 역사

Genome Revolution History

1차 유전체 혁명과 인간 유전체 프로젝트
-표준 유전체Reference Genome 시대

1차 유전체 혁명은 1990년 인간의 설계도인 유전자 전체를 분석해
보자는 인간 유전체 프로젝트Human Genome Project; HGP로부터 시작
되었다. 인간의 모든 DNA와 유전자에 대해 자세히 파악해보려고
한 인류 역사상 가장 도전적인 프로젝트 중 하나였다. 인간은 옛날
부터 생물의 특징이 유전된다는 것을 알고 있었다. 다양한 농작물이
나 가축 품종 개량의 바탕에는 유전에 대한 인식이 있었다. 고대에
히포크라테스는 신체를 형성하는 요소들이 모여 다음 세대에 전달
된다고 보았다. 아리스토텔레스는 생물의 형상 이론에서 혈액에 들
어 있는 물질이 포함한 어떤 형질을 유전의 원인으로 생각했다.

　유전적 현상을 과학적 실험을 통해 최초로 입증하고 체계화한

사람은 유전학의 아버지라고 불리는 그레고리 멘델Gregory Mendel이다. 오스트리아 아우구스티노 수도회 수사인 동시에 식물학자였던 그는 1866년 완두콩의 잡종 교배 실험을 통해 확인된 '멘델의 유전 법칙'을 발표했다.

멘델의 유전 법칙에 나오는 대로 어떤 형질을 포함하고 있는 물질이나 요소가 세포 안의 핵에 존재하는 염색체에 들어 있다는 사실이 밝혀진 것은 1910년 이후였다. 그리고 1952년 앨프리드 허시Alfred Hershey와 마사 체이스Martha Chase의 박테리오파지를 이용한 허시−체이스 실험Hershey−Chase Experiment을 통해 염색체 안에 유전 형질을 포함하고 있는 물질이 바로 핵산인 DNADeoxyribose Nucleic Acid로 밝혀졌다. 그다음 해인 1953년에는 제임스 왓슨과 프랜시스 크릭Francis Crick이 엑스선 회절X−ray Diffraction 방법을 이용해 DNA가 이중 나선 구조이며 상보적인 염기가 쌍을 이루고 있다는 것을 알아냈다.

1955년 프레더릭 생어Frederick Sanger는 DNA와 단백질의 구성인 아미노산의 관계를 규명해 유전자가 어떻게 발현되며 몸에서 어떻게 구성되고 작동하는지에 대한 기작을 발견했다. 그에 따르면, 우리 몸에 있는 수조 개의 세포에 핵이 존재하고, 그 핵 안에 DNA가 염색체라고 하는 형태로 아주 촘촘하게 뭉쳐 있다. 그리고 이 DNA가 필요에 따라 복제Replication되어서 새로운 염색체를 만들기도 하고, RNA라는 물질로 전사Transcription 후 번역Translation이 되면서 생명체에 필요한 다양한 단백질을 만들고 있다는 것이다.

또한 사람들 사이에 DNA 염기 서열에 미세한 차이가 있고, 이 차이점 때문에 유전병에 걸릴 수 있을 뿐 아니라 모습, 성향, 질병에

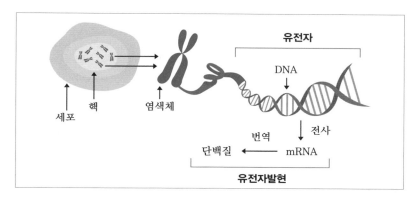

그림 12　DNA, 유전자와 유전체. 세포에 있는 염색체는 DNA라는 물질로 구성되어 있다. 그 DNA 에서 mRNA로 전사를 해서 단백질로 번역될 수 있는 부분을 유전자라고 한다. 이 모든 유전자를 포 함한 전체 DNA를 유전체라고 한다. 이 유전체가 우리의 세포와 몸을 만드는 설계도인 것이다.

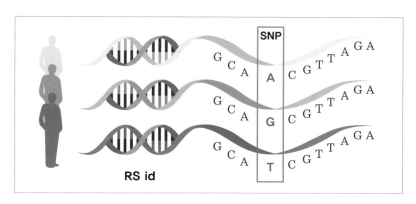

그림 13　유전체 변이 SNP. 단일 염기 서열 변이인 SNP는 DNA의 특정 부위 염기 서열이 참조 표 준 유전체와 다른 것이다. 인간은 대략 전체 유전자의 0.1~0.15% 차이를 보인다. 이러한 차이 때 문에 개인 간의 특성이 생기며 질병에 대한 민감도도 달라진다.

대한 민감도와 약물에 관한 반응도 달라진다는 것을 알게 되었다.

그 차이점 중에서도 가장 많이 알려진 것이 특정 위치의 염기 서열이 다른 염기로 치환되는 단일 염기 서열 변이 SNPsSingle Nucleotide Polymorphisms로, 사람들 사이에 평균 300만 개 정도 차이가 있다. 대부분의 SNP는 단백질의 합성에 직접적인 영향을 미치지 않지만 일부는 아미노산을 변화시키거나 단백질 합성을 중단시키는 등 유전자 발현의 변화나 단백질 기능 이상을 일으키고, 그것이 질병과 연관될 수 있다. 즉, 어떤 유전자 변이는 질병의 위험을 증가시키는 반면 어떤 변이는 일반형에 비해 특정 질병의 위험도를 낮추는 보호 요인으로 작용하기도 한다. 대부분의 이러한 유전자 변이는 변이 데이터베이스에서 rs 숫자로 표기한다. rs id는 Reference SNP cluster ID의 약자로 각각의 유전자 변이에 대한 이름이다. 현재 수천만 개가 알려져 있으며, 그 숫자는 계속 증가한다.

인류가 유전 물질의 존재에 대해 알게 된 지는 2500년이 넘었지만 유전자를 구성하고 있는 DNA를 알고 이해하게 된 것은 불과 60년 이내의 일이다. 특히 지금으로부터 30여 년 전 일단의 과학자가 인간의 모든 유전자를 볼 수 있는 지도를 만들어보자는 계획을 수립했고, 1990년 미국을 주축으로 인간 유전체 프로젝트를 시작해 인류는 새로운 미래를 열 수 있는 위대한 첫발을 디뎠다.

인간 유전체 프로젝트는 약 13년간 3조 원이라는 천문학적인 예산이 들어갔으며 미국, 영국, 프랑스, 독일, 일본, 중국 6개국의 공동 노력과 셀레라 지노믹스Celera Genomics라는 민간 기업의 참여로 이루어졌다. 1984년 처음 선행 작업을 시작했고, 13년 만인 2001년 6월 26일 당시 미국 대통령인 빌 클린턴Bill Clinton, 영국 수상 토니 블레어Tony Blair가 미국 국립 보건원National Institute of Health; NIH의 플랜시스 콜린스Francis Collins 박사와 셀레라 지노믹스의 크레이그 벤터 박사와 함께 역사적인 초안Draft 완성을 발표했다. 이 자리에서 빌 클린턴 당시 미국 대통령은 인간 유전체 지도는 인류가 지금까지 만든 모든 지도 중에서 가장 중요하고 경이로운 것이라고 말했다. 그 발표 내용은 다음 해 2월 각각 과학 잡지인 「네이처」와 「사이언스」에서 출간되었다.

그리고 2년 후인 2003년, 인간 프로젝트의 일차적인 완성을 원래 계획보다 2년 앞당겨 발표했다. 인간 유전체 프로젝트는 적

그림 14 인간 유전체 프로젝트 결과 발표 논문. 미국과 영국은 2001년 인간 유전체 지도의 초안을 발표하고, 그다음 해 공식 논문을 내 제1차 유전체 혁명인 표준 유전체 지도(Reference Genome Map) 지도 가 완성되었다.

은 수의 사람의 유전체를 해독한 다음 이를 조합해 각 염색체에 대한 서열을 나열하는 방법으로 진행했다. 이때 만든 인간 유전체 지도는 여러 사람의 유전체를 분석한 모자이크로서 어떤 개인도 대표하지 않는다. 즉, 이 지도는 다른 사람의 게놈을 비교해볼 수 있는 표준 또는 참조 게놈 서열을 제시하는 것으로, 인간 최초 표준 전장 유전체 지도Reference Human Genome다.

셀레라 지노믹스는 1988년에 문을 연 회사로 인간 유전체 프로젝트에 민간 기업으로 나중에 참여했지만 새로운 분석 방식을 적용하고 당시 최다수의 최신 염기 서열 분석 장치를 도입하는 등 인간 최초의 유전체 지도 완성에 가장 핵심적인 역할을 했다.

인간 유전체 지도의 초안이 발표된 2001년 미국의 유전체 회사 제네상스 제약회사Genaissance Pharmaceutical 또한 96명의 유전자를 4개의 인종으로 나누어 분석한 결과를 발표했는데 이로써 인류는 최초로 유전자의 개인적인 차이와 인종적인 특성도 알게 되었다.

이상의 인간 유전체 프로젝트를 통해 인간의 23개 염색체가 30억 쌍의 염기 서열로 구성되어 있으며, 2만 5000개에서 3만 개 정도의 단백질을 만들 것으로 예상되는 유전자를 가지고 있다는 사실이 밝혀졌다. 그 유전자들의 평균 길이는 대략 3000개의 염기 서열로 구성되어 있으며 전체 게놈의 염기 서열 중 유전자를 구성하는 부분은 약 2%밖에 안 된다. 특이한 사항은 인간의 전체 유전자 수가 과학자가 예상했던 것보다 훨씬 적었다는 점이다. 인간 유전체 프로젝트가 끝나기 전 많은 과학자가 인간 유전체의 복잡성과 다른 종들과의 비교 우위성 등을 고려해 유전자 수가 대략 8만 개에서 14만 개 사이가 될 것으로 예측했다. 하지만 실제 인간의 유전자 수나 크기는 쥐의 유전체와 비슷했고, 실험실에서 자주 사용하는 1mm 크기의 꼬마선충(벌레)인 '시 엘레강스Round Worm; *C. Elegance*'의 유전자 1만 9000개보다 조금 더 많았다. 인간과 가장 가까운 생물 종인 침팬지 유전체와 비교 분석해보았을 때는 대략 99%의 서열이 일치했다. 1% 정도의 부분적 차이점을 제외하면 인간은 다른 영장류 동물들과 유전적 차이가 크지 않았다.

이 사실은 대부분의 사람에게 큰 충격을 안겨주었다. 지구상의 다른 어떤 생명체보다 인간이 우월하고 정교하다고 생각해온 믿음이 깨진 것이다. 단순히 유전자의 양과 크기의 측면에서 유전체를 본다면 인간은 다른 생물들과 크게 다를 바가 없었다.

그리하여 일부 과학자는 분자 생물학적 관점에서 인간과 다른 동물을 구분지을 수 있는 유전적 차이에 관심을 가지기 시작했다. 이러한 특이 사항을 면밀하게 살펴보게 되면서 인간 유전체에서 다른 생명체들과 일부 다른 부분을 발견할 수 있었다.

그중에서 몇 가지 주목할 만한 사항은 다음과 같다.

첫째, 많은 생물의 경우 염색체에서 유전자의 위치를 보면 일반적으로 게놈에 고르게 분포되어 있는 데 반해 인간의 유전자는 분포하는 위치가 좀 더 편향적이다.

둘째, 인간 유전자는 숫자에 비해 유전자 내에서의 순서의 변화가 많았고, 이로써 다양한 조합Alternative Splicing을 만들었다. 메틸화Methylation 같은 DNA 분자 내 화학적인 변화를 통해 유전자들이 아주 다양한 형태로 발현하고 조합하는 것으로 관찰된 것이다. 인간의 유전자들이 다른 생명체에서와 비슷한 서열Sequence Homology을 가지는 경우가 많았지만, 생물 발생 단계와 면역 반응, 특히 언어나 뇌 발달에 관계되는 유전자에서는 많은 특이점과 독특한 유전자 서열이 있었다. 이러한 인간 특이 영역을 과학자들은 인간 가속 영역 유전자Human Accelerated Regions; HARs라고 부른다.

인류는 현재까지 49개의 인간 가속 영역 유전자를 찾아냈다. 과학자들은 이러한 영역이 인간 특이의 형질을 만드는 데 일부 기여하고 있다고 본다. 또한 거의 모든 고등 생물 종의 유전체에서 많은 반복 서열 부분이 발견되고, 이것의 축적 현상이 계속 진행되고 있지만 인간의 경우 5000만 년 전쯤 이미 중단된 것으로 보인다. 그리고 인간 개체 간의 유전적 차이점은 0.1% 정도인 데 비해 다른 영장류는 이보다 훨씬 큰 것으로 알려졌다.

과학자들은 이상의 현상과 다른 유전적 표류Drift 방법들을 통해서 인간이 다른 동물 종과 유전적 차이가 있다고 봤다. 그리고 인간은 다른 생물 종들과 진화적 압력이 다르고, 다소 다른 진화의 길을 밟아온 것으로 추정되는데, 이러한 점이 인간만이 지닌 일부 특성을 발전시키는 데 기여했다고 생각한다.

인간 유전체 프로젝트의 결과는 의학과 과학 분야에 다양한 기여를 했다. 우선 질병의 원인이 되는 변이와 사람의 특성을 만드는 다양한 유전자의 메커니즘을 이해할 수 있게 되었다. 그리고 이를 통해 많은 인간 유전자의 기능과 작용 원리를 밝히고, 나아가 개인과 민족, 인종에 따른 질병 민감도의 차이와 질병의 원인 및 예방과 치료 방법까지도 알 수 있게 되었다. 인간 유전체 프로젝트로 파악한 많은 유전 정보는 이를 바탕으로 질병 진단, 난치병 예방, 신약 개발, 개인별 맞춤형 치료에 이용할 기본 지도를 만들었다는 데 큰 의미가 있다. 이로써 개인 유전체에 기반한 맞춤 정밀 의학의 시대를 열 토대를 다지게 된 것이다.

2차 유전체 혁명과 유전체 연구
−연구 유전체Research Genome 시대

2차 유전체 혁명은 1차 유전체 혁명을 통해 갖게 된 인간 유전자 지도를 바탕으로 다양한 집단 유전적 차이를 연구하는 것으로 시작되었다. 이러한 유전자 비교 연구는 보통 집단 유전체Population Genome 연구 또는 집단 유전체학Population Genomics이라고 하며, 어떤 특정 질병이나 특성을 갖는 집단의 유전자를 일반인들의 유전자와 상호 비교하는 방법으로 수행한다. 이 과정에서 질병과 유전적 특성 연구를 통해 다양한 바이오 마커를 찾고, 그에 대한 논문 및 특허 출원의 경쟁을 벌이게 되는데 이러한 시기가 바로 2차 유전체 혁명의 시대다.

그렇다면 집단 유전체학이란 무엇인가? 집단 유전체학이란 유전체 정보를 이용해 유전 형질이 집단에서 어떻게 발현되며, 그 특성과 연관성이 어떻게 되는지를 발견하고 연구하는 학문이다. 인종이나 민족에 따른 유전적인 차이점, 건강한 사람과 특정 질병을 가진 환자 집단과의 유전적 차이점 등을 연구한다. 그리하여 우리는 이 학문을 통해 질병과 연관성이 있거나 질병의 예후에 관여하는 유전자나 유전자의 변이를 알아낼 수 있으며, 질병에 잘 반응하는 치료법이나 약물들을 찾아내기도 한다.

질병의 발생을 예측할 수 있는 유전자나 차이를 보이는 변이 마커를 찾는 방법으로도 집단 유전체학 연구가 많이 쓰였다. 집단 유전체 연구는 1차 유전체 혁명에서 인간 유전체 프로젝트를 완성함에 따라 본격적인 전성기를 맞이하게 되었다. 대대적인 집단 유전체 연구로 잘 알려진 것은 미국을 중심으로 2002년 시작된 국제 햅맵 프로젝트International HapMap Project다. 이 프로젝트는 특정 집단의 유전적 패턴을 단상형Haplotype 방법을 통해서 연구하고자 했다. 2009년까지 7년 동안 미국, 중국, 일본, 캐나다, 영국, 나이지리아

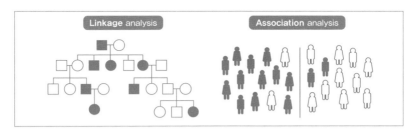

그림 15 집단 유전체 연구 방법. 유전자와 질병의 상관관계 연구는 보통 유전체 연관 분석(좌)과 연계 분석(우) 방법으로 한다. 연계 분석은 보통 다인자 복합 질환의 마커 발굴에 사용하며, 연관 분석은 가족 내 희귀 유전자 질환의 연구나 진단 등에 활용한다.

등에서 비영리 공동 연구를 실시했으며, 다양한 인종이나 국가로부터 얻은 샘플의 유전체 데이터를 분석해 인종 및 국가 간의 유전적 차이점을 밝히고 전 세계에 공개했다. 이 프로젝트에 일본과 중국이 참여해 동양인의 유전체 차이와 변화도 심도 있게 알 수 있었다. 한국이 함께하지는 못했지만 중국인과 일본인으로부터 얻은 유전자 데이터 정보로 한국인의 유전적 특성 또한 파악할 수 있는 좋은 기회가 되었다.

이런 집단 유전 연구는 보통 두 가지 다른 유전적 질환에 따라, 각각의 방법으로 수행한다. 첫째는 희귀 유전자 질환Rare Genetic Disease 연구다. 이 경우 보통 한 개의 유전자가 그 기능을 제대로 수행하지 못하거나, 그 유전자 안에 발생하는 특정 변이에 의해 발병하는 질환을 연구한다. 대체로 가족 내에서 많이 발생하며 환경이나 생활 습관의 영향을 거의 받지 않고 단지 유전자의 변이에 의해서만 병이 발생한다. 겸상적혈구증Sickle Cell Disease, 윌슨병Willson's Disease, 낭포

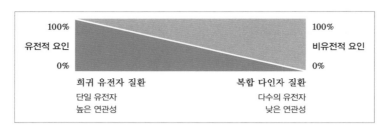

그림 16 많은 다인자 복합 질병은 유전적 요인과 환경 그리고 생활 습관 같은 비유전적 요인에 영향을 받는다. 질병에 따라 유전적 요인과 비유전적 요인의 비율이 다르다. 희귀 질환일수록 유전적 요인이 높으며 복합 질환은 비유전적 요인이 높은 경우가 많다.

성 섬유증Cystic Fibrosis 같은 흔하지 않은 질환이 대표적인 예다.

반면에 우리에게 많이 알려진 질환은 복합 또는 다인자 질환 Multifactorial Disease이다. 많은 유전자가 복합적으로 관여하며, 환경이나 생활 습관과 같은 비유전적 요인이 상호 작용을 해 발병하거나 발병 위험성을 높인다. 당뇨병, 심혈관 질환, 암, 치매와 같은 질환이 여기에 속한다.

다인자 복합 질환은 가족력을 볼 수는 있지만 명확한 유전적 패턴을 보이지는 않으며, 다만 그 집안의 위험성을 증가시키는 요인으로 작용한다. 유전자, 환경, 생활 습관과 같은 원인의 삼각관계에 의해 질병이 발생하고 질병의 종류에 따라 다양한 유전적, 비유전적 원인이 다른 기여도를 보이며 복합적으로 작용한다. 암이라 하더라도 각각의 암의 종류나 발병 조직에 따라 유전적 요인과 비유전적 발병 요인의 기여도가 다르다. 이런 이유로 명백한 유전적 원인을 알아내기가 쉽지 않다. 많은 환자의 유전자 데이터를 종합·비교·연구해 통계적인 질병 유발 확률을 계산하는 데 도움이 될 마커나 변이 유전자를 찾을 수밖에 없다.

이런 유전자 마커는 각각의 통계적 확률을 보면 질병 유발 가능성은 그리 높지 않다. 대부분 그 집단에서 2배 미만의 위험률을 증가시킬 뿐이다. 게다가 복합 유전자의 질병 유발 가능성Polygenic risk의 경우, 위험도 패턴이 상호 작용에 따라 달라질 수 있기 때문에 위험도를 계산하거나 예측하는 것도 쉽지 않다. 그래서 가장 일반적인 연구 방법으로 단일 염기 서열 변이인 SNPs를 이용해 어떤 특정 집단의 비교군Case과 대조군Control 간의 유전체 분석을 통해 통계적으로 가장 유의미한 차이점을 주는 유전자나 변이 마커를 찾는다. 다인자 복합 질환 연구에 주로 사용하는 유전체 연계 분석Genome Wide Association Analysis; GWAS은 복합 질환에서 유전 원인의 아주 일부만을 설명할 수 있다는 한계가 있기 때문에 단일 염기 변이SNP 연구와 다인자 복합 질병 연구에 대한 새로운 방법이 절실하다.

그동안 과학자들은 유전자와 질병의 상관관계를 연구하기 위해 크게 두 가지 방법에 의존해왔다. 하나는 유전체 연관 분석Linkage Analysis이고, 또 하나는 유전체 연계 분석 즉 GWAS 방법이다. 연관 분석 방법은 단일 유전자 질환과 같이 유전적 요인이 비교적 강한 질병의 원인 유전자를 찾아내는 데 유리하다. 유전체 연관 분석을 사용한 연구의 예는 희귀 유전 질환이나 가족에 특정적으로 발생하는 유전병이 많다. CFTR 유전자와 낭포성 섬유증, Factor 8/9/11 유전자와 혈우병Hemophilia, ATB7B 유전자와 윌슨병Wilson's Disease 그리고 Globin 유전자 변이에 의한 지중해성 빈혈Thalassemia 등이 잘 알려져 있다.

유전체 연계 분석 방법은 다인자 복합 질환에 관련된 유전자나 변이 마커를 찾을 때 많이 사용한다. 보통 많은 수의 질병 대조군과 정상인의 유전자 비교 연구를 통해 수행한다. 집단 간에 차이를 보이는 모든 유전자나 변이를 통계적으로 비교 분석해 가장 차이점이 큰 유전자나 변이 마커를 찾는다. 그동안 연구자들은 유전체 연계 분석 방법을 다인자 복합 질병과 관련된 유전자와 그 변이를 밝히기 위한 표준 방법으로 사용했다. 하지만 그 결과로부터 생물학적 의미를 유출하고, 다양한 생물학적 경로Biological Pathway와 질환의 복합적 유전 현상을 이해하는 것은 매우 어렵고 복잡한 문제였다. 이 방법으로 발견한 일부 마커는 다른 집단이나 국가의 연구에서 재현되지 못하는 경우가 종종 있었다. 각각의 인종 또는 민족의 유전적 차이 때문이기도 하지만 집단마다 다른 환경과 관습 또는 식생활 차이 등 복합적인 비유전적 요인이 작용하고 있기 때문이다.

이처럼 기존의 유전체 연계 분석 연구의 한계가 제기됨에 따라 새로운 유전자 분석 방법이 필요해졌다. 다양한 유전자와 질병의 상관관계를 좀 더 정교하게 볼 수 있는 연구 방법이 제시되기 시작했는데 그중 최근 관심을 받기 시작한 것이 유전체 데이터의 기계 학습 즉 머신 러닝 기법을 이용한 방법이다.

머신 러닝은 인공지능의 한 분야다. 컴퓨터가 특정한 입력값을 학습하도록 하고, 그 학습 결과를 바탕으로 새로운 데이터를 도입했을 때 그에 따른 새로운 값을 예측할 수 있도록 하는 알고리즘을 개발하는 기술이다. 유전체와 질병 관련 연구에서 머신 러닝 방식은 훈련 데이터Training Data를 통해 학습된 질병과 건강 정보를 기반으로, 개인의 유전자를 입력했을 때 질병에 대한 예측이나 진단 및 처방을 하도록 프로그래밍을 하는 것이다. 최근 IBM 왓슨Watson을 비롯한 인공지능 의료 시스템은 병원에서 암 환자의 임상과 건강 정보를 입력하면 그 환자에 맞는 최적의 치료법이나 처방을 제시해주고 있다. 한국에서도 몇몇 병원이 머신 러닝 인공지능 방법을 도입해 환자의 진료에 사용하기 시작했다.

보통 유전자 정보의 경우 지도 학습Supervised Learning에 의해 훈련Training된 유전자 데이터로부터 함수를 유추해낸다. 훈련 데이터는 일반적으로 입력 객체에 대한 속성을 벡터 함수에 포함하고 있으며, 각각의 벡터에 대해 원하는 결과가 무엇인지 표시되어 있다. 이렇게 유추한 함수 중 연속적인 값을 출력하는 것을 회기 분석Regression Analysis이라 하고. 주어진 입력 벡터가 어떤 종류의 값인지 표시하는 것을 분류 분석Classification Analysis이라고 한다. 지도 학습이 하는 작업은 훈련 데이터로부터 주어진 정보에서 예측하고자 하는 값을 올바르게 추측해내는 것이다. 또한 지도 학습 방법을 통해 기존

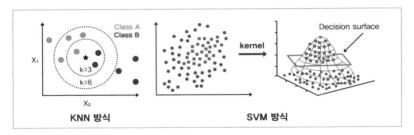

그림 17 유전자 데이터 분석에 쓰는 기계 학습 알고리즘. KNN 방식은 훈련 공간 내 K개에 가장 가까운 훈련 데이터에 기반해 분류하게 된다. 가장 간단하고 보편적이지만 지역 구조에 민감한 단점이 있다. SVM 방식은 주어진 데이터를 집합을 바탕으로 비확률적인 이진 선형 분류 모델이나 커넬을 이용한 고차원 특정 공간(초평면)으로 나눈다. 데이터 분류가 고차원적일 경우 더 복잡해지고 분류가 제대로 되지 않을 수 있다.

계놈혁명 : 호모 헌드레드 프로젝트

의 훈련 데이터로부터 나타나지 않던 상황까지도 일반화해 처리할 수 있어야 한다.

일반적으로 훈련 데이터로 함수를 유추하면, 해당 함수에 대한 평가를 통해 그 변수Parameter를 최적화한다. 평가를 위해 교차 검증Cross-Validation을 하는데, 훈련 집합Training Set, 검증 집합Validation Set, 테스트 집합Test Set 3가지로 교차 검증을 한다. 이러한 검증을 통해 각 함수에 대해 정밀도Precision와 재현율Recall을 측정할 수 있는 것이다.

유전자 분석을 위한 기계 학습에 많이 사용하는 알고리즘은 K 최근접 이웃 알고리즘K Nearest Neighbor 즉 KNN과 서포트 벡터 머신 Support Vector Machine 즉 SVM 방식 등이다.

KNN은 가장 보편적이고 단순한 기계 학습 방법이지만 분류와 회기 모두 다 사용하는 비모수 방식으로 특정 공간 내 K개에 가장 가까운 훈련 데이터로 구성되어 있다. 더 가까운 이웃 일수록 먼 이웃보다 평균에 더 많이 기여하도록 이웃의 기여에 가중치를 주는 것이다. KNN은 인스턴트 기반 학습의 일종으로, 데이터의 지역 구조에 민감하다는 단점이 있다.

SVM 알고리즘은 패턴 인식 자료 분석을 위해 초평면Hyperplane 으로 구성된 지도 학습 모델이며, 주로 분류와 회기 분석을 위해 사용한다. 두 카테고리 중 어느 하나에 속한 데이터의 집합이 주어졌을 때 SVM 알고리즘은 주어진 데이터 집합을 바탕으로 새로운 데이터가 어느 카테고리에 속할지 판단하는 비확률적인 선형 분류 모델 Non-Probabilistic Binary Linear Classifier을 만든다. SVM은 선형 분류뿐 아니라 비선형 분류에도 사용할 수 있다. 이 경우 주어진 데이터를 고차원 특정 공간으로 사상하는 작업이 필요한데 이를 효율적으로 수행하기 위해 커널Kernel을 사용한다. 하지만 높은 차원으로 되었을 때 오히려 더 복잡하고 분류가 어려워질 수 있는 단점도 있다.

살펴본 바와 같이 머신 러닝을 활용한 인공지능에 의한 유전체 분석 방법은 각각의 유전자나 변이 마커를 활용하기보다는 전체 데이터의 패턴과 적합화에 따라 분석 알고리즘을 찾는 방법이다. 비교군과 검사군 유전자의 전반적인 패턴을 컴퓨터에 학습시켜 그 연관성을 찾아내고, 질병이나 원하는 결과를 예측하게 한다. 일부 유전체 연계 분석에서 좋은 결과를 제시해 차세대 유전체 연구 및 분석 방법으로 각광받고 있다.

이러한 인공지능에 의한 새로운 유전체 연구 방법은 기존의 유전체 연계 분석에서 보여주었던 많은 한계점을 극복할 가능성을 제시했을 뿐 아니라 유전자 빅 데이터와 건강과 질병 정보를 활용하는 새로운 연구 분석 방법이 될 것으로 보인다. 그동안 수많은 과학자나 연구자가 수년에 걸쳐 해온 많은 임상 연구나 바이오 마커 발굴에서 나아가 이제는 인공지능이 기존의 유전체와 건강 정보 데이터베이스의 자료를 빠르게 검색해서 알아내는 새로운 가상Virtual 유전자 연구의 시대를 맞이한 것이다.

3차 유전체 혁명과 차세대 임상 유전체 분석
—임상 유전체Clinical Genome 시대

최근 기술 산업 발달의 속도를 이야기할 때 '무어의 법칙Moore's Law' 이 자주 등장한다. 무어의 법칙은 반도체 집적 회로와 그에 따른 컴퓨터 성능이 18개월에서 24개월마다 대략 2배로 증가하며, 가격은 같은 기간에 반으로 떨어진다는 법칙으로 인텔의 공동 창업자인 고든 무어Gordon Moore의 말에서 인용되어 쓰이기 시작했다. 이러한 무어의 법칙은 지난 30여 년간 다양한 기술의 발전 속도를 예측하는 지표로 활용되었다.

한국에서는 2002년 당시 삼성전자 총괄사장이었던 황창규 KT 회장의 말을 인용해 '황의 법칙Hwang's Law'이 소개된 바 있다. 황의 법칙은 1년에 메모리 반도체의 집적도가 2배씩 늘어난다는 새로운

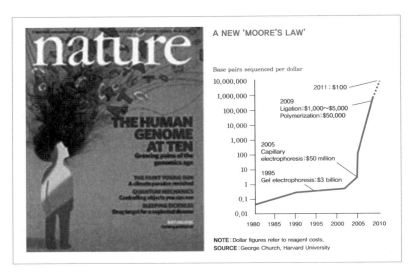

A NEW 'MOORE'S LAW'

Base pairs sequenced per dollar

2011 : $100

2009
Ligation:$1,000~$5,000
Polymerization:$50,000

2005
Capillary
electrophoresis:$50 million

1995
Gel electrophoresis:$3 billion

NOTE : Dollar figures refer to reagent costs.
SOURCE : George Church, Harvard University

그림 18 새로운 무어의 법칙. 3차 유전체 혁명 동안 유전체 분석 가격의 급격한 하락과 데이터의 증가가 기존의 기술 발달 법칙을 완전히 파괴하는 혁명을 가져왔다. 그 결과 매년 10배의 기술 발달과 가격이 하락하는 현상이 나타났다. 이것을 인간 유전체 10(The Human Genome at Ten)의 법칙 또는 일루미나 사장의 이름을 따 플래틀리의 법칙(Flatley's Law)이라 한다.

기술 발달의 법칙이다.

　　이러한 무어와 황의 법칙을 무색하게 하는 기술의 변화가 2007년부터 차세대 유전체 해독 기술인 NGSNext Generation Sequencing 분야에서 시작되었다. 유전체 분석 가격 변화표에서 보는 바와 같이 2007년을 기해서 유전체 분석 가격은 '무어'나 '황'의 법칙을 따르지 않고 급격하게 하락했다. NGS의 기술 개발과 시약 개선으로 전장 유전체를 해독하는 데 드는 가격이 거의 매년 10분의 1 수준으로 하락하는 현상이 나타난 것이다. 이를 새로운 무어의 법칙 또는 그 당시 일루미나 사장의 이름을 따서 플래틀리 법칙Flately's Law

이라고 부르며, 유전체 분석 효율이 매년 10배씩 증가하는 현상을
칭하기 시작했다.

「네이처」는 '인간 유전체 10The Human Genome At Ten'이라는 특집
기사를 통해 이러한 전례 없는 빠른 기술 변화에 의한 혁신과 신산
업을 예견했다. 가격의 급속한 하락과 함께 차세대 유전체 분석 기
술의 발전을 소개했는데, 유전체 분석 기술 발전이 기대하지 못했던
연구를 가능케 하고, 진단과 신약 개발 등 다양한 관련 산업의 태동
을 불러왔다는 내용이었다. 이렇게 3차 유전체 혁명은 차세대 유전
체 분석 기술인 NGS의 개발과 분석 가격 하락으로 시작되었다.

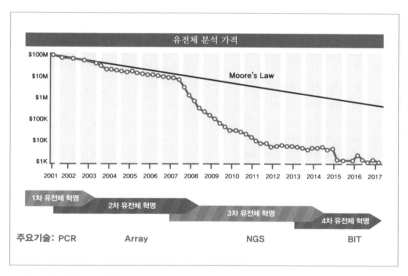

그림 19 유전체 분석 가격의 하락과 그 기술. 1세대 유전체 분석을 가능하게 한 PCR과 2세대 유
전체 기술인 Array 기술 뒤 3세대 유전체 분석 기술인 NGS 방식이 도입되었다. 유전체 분석 기술
은 역사상 전례 없는 기술 개발 및 가격의 하락을 이끌었으며 새로운 개인 유전체 시장을 창조하는
혁신을 가져왔다.

1차 유전체 혁명인 인간 유전체 프로젝트를 가능하게 만든 기술은 PCRPolymerase Chain Reaction 방식에 기반을 둔 생어 시퀀싱Sanger Sequencing이다. 이 방법은 읽고자 하는 유전자 영역을 미리 알고 있는 프라이머Primer라 하는 특정 염기 서열을 이용해 증폭한 뒤 염기 서열을 하나씩 형광 물질이 포함된 사슬 중단 합성법Chain Termination으로 읽어가면서 색층 분석법Chromatography으로 해독하는 방법이다.

생어 시퀀싱 방법을 이끈 대표적인 회사는 어플라이드 바이오

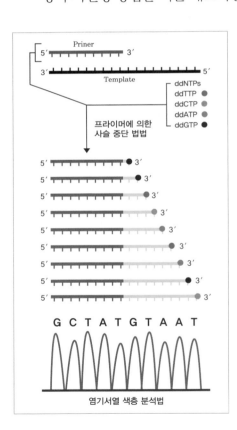

G C T A T G T A A T

염기서열 색층 분석법

시스템Applied Biosystem이었다. 차세대 시퀀싱 방법이 소개되기 전까지 전 세계 유전체 분석 시장 대부분에서 쓴 기술을 보유하고 있었다.

그 후 2차 유전체 혁명을 가능하게 만든 기술은 마이크로어레이Microarray

그림 20 1세대 유전체 분석 기술인 생어 시퀀싱 방법. 생어 시퀀싱 방식은 PCR에 기반을 둔 프라이머 사슬 중단 방법으로 600~800개의 염기 서열을 한 번에 읽을 수 있다. 인간 유전체 프로젝트를 성공적으로 이끈 기술이다.

또는 바이오칩Biochip이다. 매우 작은 염기 조각을 칩이라고 하는 고체 표면에 부착시키고 많은 양의 유전자 발현 정도를 동시에 측정하거나, 유전체의 다양한 부분의 유전 인자를 한꺼번에 파악하기 위해서 사용하는 방법이다. 이를 통해 다양한 유전자의 기능을 밝혔으며 특히 집단 유전학 연구에서 다양한 질병 마커를 발굴했다.

마이크로어레이 기술 덕에 많은 유전자의 변이를 빠른 시간에 저가로 분석할 수 있게 되었다. 많은 바이오 마커 발견에 유용했으며, 다양한 유전자 기반 바이오 마커 연구도 진행할 수 있었다.

마이크로어레이는 보통 유전자 증폭과 형광 프라이머에 의한 결합 반응을 거친 후 정밀한 광학이나 질량 분석 장비를 이용해 그 호를 읽어낸다. 한꺼번에 많은 유전자 변이를 빠르고 쉽게 측정하거

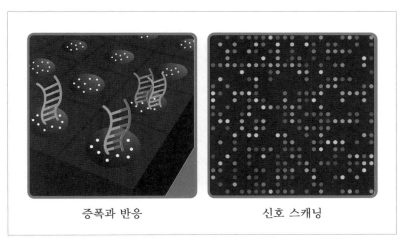

증폭과 반응　　　　　　신호 스캐닝

그림 21　마이크로어레이 또는 바이오칩 기술. 집적도를 높이는 분석 기술로 이를 활용한 다양한 집단 연구가 시행되어 다수의 유전자 기능과 질병의 연관 관계를 알 수 있게 되었다.

나 정량적으로 분석할 수 있다. 아피메트릭스Affymetrix사의 유전체 칩GeneChip, 일루미나사의 비드어레이Beadarray와 시퀴놈Sequenom사의 매스어레이MassArray 기술이 2차 유전체 혁명의 핵심 기술인 마이크로어레이와 바이오칩 시장을 리드한 회사다. 1차 유전체 혁명을 이끈 PCR 기반의 생어 시퀀싱 기술과 2차 유전체 혁명을 리드한 마이크로어레이는 그동안 꾸준한 기술 개발과 가격 하락을 통해 점차 그 시장을 넓혔다.

　3차 유전체 혁명은 지난 30여 년간 활용한 생어 방식의 기존 염기 서열 해독 방식을 NGS 차세대 유전체 분석 방식으로 대체하면서 시작되었다. NGS 분석 방식은 유전체의 염기 서열을 고속으로 분석하는 방법으로 제2세대 시퀀싱 방법이라고도 부른다. 기존처럼 특정 타깃을 하나씩 해독하는 것이 아니라 무작위적으로 짧게 나눈 수만 개의 작은 DNA 조각을 한 번에 병렬적으로 해독Massive Parallel Sequencing한다.

　차세대 염기 서열 방식은 파이로시퀀싱Pyrosequencing 방법을 채택한 454사가 2005년 GS라는 이름으로 처음 소개했다. 이후 일루미나를 비롯해 라이프 테크놀로지Life Technology, 퍼시픽 바이오사이언스Pacific Bioscience, 컴플리트 제노믹스Complete Genomics사 등의 기술이 시장에 소개되면서 NGS 기술의 춘추전국 시대를 맞았다. 그중에서도 일루미나사의 SBSSequence by Synthesis 방식이 높은 정확도와 꾸준한 기술 혁신으로 NGS 기술 시장의 80% 이상을 차지했다.

SBS 방식은 짧은 DNA 조각들을 유리판에 부착된 프라이머에 결합시키고, 교량 방식으로 증폭Bridge Amplification하는 방법으로 각각의 프라이머에 부착된 DNA 라이브러리의 복제본이 군집 증폭 Clonal Amplification을 이루게 된다. 이 증폭된 군집에 형광 물질로 표지한 염기를 매번 광학 카메라로 읽으면서 해독하고, 그 결과를 표준 염기 서열에 정렬해 비교 분석함으로써 염기 서열을 읽어내고 변이를 찾는 것이다. 높은 정확성과 집적된 해독 방식으로 대량의 DNA를 싸고 쉽게, 동시에 분석할 수 있는 장점이 있다. 해독 서열 길이는 100에서 150염기 정도다. 하지만 이 방법은 긴 염기 서열 해독에서 효율이 급격히 낮아지기 때문에 긴 DNA를 분석하는 데는 한계가 있다. 이에 비교해 퍼시픽 바이오사의 기술은 단일 분자 해독Single Molecule Sequencing 방법으로 한 번에 1만 개 이상의 염기 서열을 읽을 수 있는 특징이 있다. 단, 정확도가 현저히 떨어지고 비용이 많이 들기 때문에 일반적인 인간 전장 유전체 분석에는 사용하지 않는다.

NGS에 의해 열린 유전체 분석 경쟁은 전례 없이 빠르게 가격 하락을 불러왔을 뿐 아니라 방대한 유전자를 분석할 수 있는 IT 기술과의 접목을 현실화했다. 많은 회사가 당시 급격히 하락하기 시작한 유전체 해독 가격으로 더 많은 데이터를 분석하게 되었고, 이를 활용하기 위한 새로운 산업 기회를 만들어나갔다. 이러한 3차 유전체 혁명의 도래로 연구와 발견 위주의 유전체 분석 시장은 유전체

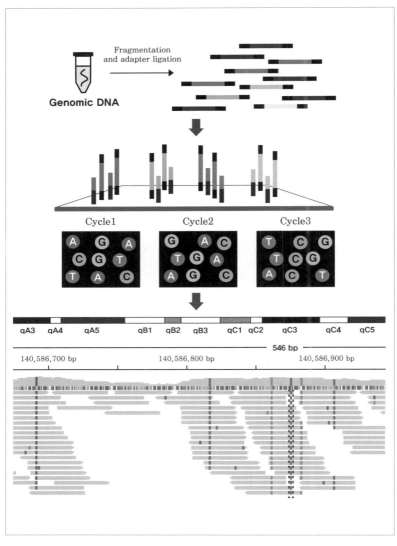

그림 22   NGS 전장 유전체 해독 방식. 차세대 유전체 해독 방식은 무작위로 절단한 짧은 DNA 조각을 한 번에 해독해 분석 가격과 처리 양을 획기적으로 개선할 수 있다. 일반적으로 150염기 서열이내를 읽지만 한 번에 수백만 개의 조각을 읽고 참조 표준 염기 서열과 비교함으로써 표준 유전체와의 차이점을 알아낸다.

분석을 통한 유전자 진단이나 유전자 정보 기반 치료와 같은 임상적이고 의료적인 유전체Clinical Genome를 우선시하는 시장으로 바뀌어 나갔다. 연구 중심이던 유전체 데이터가 임상 위주의 의료 데이터로 전환하는 시기가 된 것이다.

특히 NGS 기술의 도입으로 열린 비침습 유전자 기반 진단 시장은 시퀘놈Sequenom, 베리나타Verinata, 아리오사Ariosa, 나테라Natera와 같은 회사가 다양한 비침습 산전 진단 상품을 출시하면서 본격적인 NGS 분석에 의한 임상 진단 시장이 형성되기 시작했다. 기존에 시행했던 낮은 정확도와 비효율적인 산전 선별 검사 시장과 높은 위험도의 침습적 양수 검사의 대체 방법으로 크게 각광을 받았다. 이후 파운데이션 메디슨Foundation Medicine과 옹코DNAOncoDNA 등 암 유전체 분석 서비스 회사가 탄생해 본격적인 유전체 데이터의 임상 시장의 시대를 열었다.

4차 유전체 혁명과 BIT Bio-IT
—개인 유전체 Personal Genome 시대

4차 유전체 혁명은 2014년 개인 전장 유전체 분석 가격이 100만 원대(1000달러대)로 낮아지고, 그동안 문제가 되었던 유전자 관련 특허와 규제, 다양한 사회적, 법적, 윤리적 문제 등이 해결되기 시작하면서 본격적인 부흥기를 맞이하게 된 것이다. 급격한 유전체 분석 가격의 하락은 엄청난 양의 유전체 데이터를 양산하게 되었고, 유전체 데이터는 인류의 빅 데이터 중에서 가장 빠르게 증가하는 정보가 되었다. 이에 따른 컴퓨터 자원의 급증, 데이터 저장을 위한 클라우드의 발달, 데이터를 활용하기 위한 다양한 애플리케이션의 공급 등에 힘입어 바이오와 컴퓨터 인터넷 기술이 접목되는 BIT Bio-IT 시대를 열게 되었다. 진정한 개인 유전체 시대가 시작된 것이다.

그림 23 유전체 혁명. 지금의 4차 유전체 혁명은 개인 유전체 시대를 열었는데 그간 3번의 큰 변화의 시기를 거치면서 발전해왔다. 1차 유전체 혁명에서는 인간 유전체 프로젝트를 시작으로 인류 최초의 유전자 지도와 참조 표준 유전체를 만들었으며 2차 유전체 혁명 때는 마이크로어레이와 같은 기술을 사용해 집단 유전체를 비교, 연구함으로써 다양한 질병 유전체를 발견했다. 3차 유전체 혁명은 차세대 유전체 해독 기술인 NGS의 보급으로 유전체 분석 가격의 급속한 하락을 가져와 다양한 임상에 기반을 둔 유전체 기술의 응용이 현실화되기 시작했다. 그 뒤를 이은 4차 유전체 혁명은 전장 유전체 분석 가격이 100만 원대로 하락하고 다양한 규제와 법률적, 사회적 문제가 해결되기 시작하면서 본격적인 개인 유전체 시대가 열리고 있다. 이제 유전체 분석 분야는 모든 사람이 다양한 목적으로 분석을 이용하는 진정한 유전체 정보 시대를 맞이하게 된다.

개인 유전체 분야는 개인 유전체를 해독하고 분석해 표준 인간 유전체와의 차이를 알아내고, 그 차이가 보이는 생물학적, 기능적 의미를 파악하는 유전체학의 한 분야다. 개인 유전체 해독과 분석 서비스는 대상에 따라 질병의 진단을 목적으로 이루어질 수도 있지만, 개인적인 호기심이나 건강에 대한 관심과 질병의 예방을 위한 비의료적 검사가 대부분이다.

전자의 서비스는 보통 의사 의뢰 개인 유전체 서비스Physician Driven Personal Genome Service라 하고 후자는 소비자 직접 의뢰 개인 유전체 검사 서비스 또는 DTCDirect to Consumer Personal Genome Service라 한다.

모든 사람의 유전자를 분석해서 표준 유전체 서열Reference Genome과 비교해본다면 단일 염기 서열Single Nucleotide Polymorphism; SNP이나 작은 염기 서열의 삽입Insertion 또는 탈락Deletion의 경우 0.1~0.15%의 차이를 보인다. 염색체의 수적 이상이나 위치 전환 등의 변이까지 포함한다면 그보다 더 많은 차이점이 있다. 하지만 이러한 수적 차이나 위치 전환 등은 NGS나 어레이Array 유전체 분석 방법으로 파악하는 데 한계점이 많다. 이 때문에 대부분의 연구는 단일 염기 서열 변이나 작은 삽입과 탈락 등에 집중한다.

인간은 32억 개 정도의 염기 서열을 가지고 있다. 그중 0.1%인 300만 개에서 400만 개 정도에서 차이를 보인다. 흥미로운 사실은 이 변이의 숫자가 거의 모든 사람이나 인종에서 비슷한 분포로 나온다는 것이다. 사람은 예외 없이 누구나 기능이 망가진 유전자 Broken Genes를 100여 개 갖고 있는 것으로 알려졌다. 유전자는 어머니와 아버지로부터 받은 한 쌍을 가지고 있기 때문에 많은 경우 하나의 유전자에 결함이 있다 하더라도 다른 하나의 유전자가 그 기능을 대치하므로 살아가는 데 큰 문제는 되지 않는다. 이러한 경우를 열성Recessive 유전이라 하며 많은 유전 질환이 열성 유전 방식에 의해 유발된다. 하지만 일부 질병은 한 쌍의 유전자 중 하나라도 문제가 생기면 발병하게 되어 있다. 이를 우성Dominant 유전이라고 한다. 이 외에도 성염색체상의 유전Sex Linked에 따라 남자와 여자가 다른 질병 발병의 패턴을 보이기도 한다.

열성 유전 질환의 경우 자신과 같은 유전자에 결함이 있는 배우자를 만났을 때는 특정 질병이 25%의 확률로 자식들 중에서 발병하게 된다. 근친 간의 결혼에서는 그 가능성이 훨씬 높아진다. 그래서 배우자와의 유전적 거리가 얼마나 되는지를 파악하는 검사 서비스도 시행되고 있다.

특정 인종에서 많이 발생하는 유전 질병은 그 집단 내 많은 사람이 그 질환의 잠재 유전자를 보유하고 있다. 유태인의 경우 민족 특유의 유전적 질환이 잘 알려져 있다. 현재 많은 유태인이 결혼 전에 잠재적 유전자 문제가 있는지 선별 검사를 한다. 자식들 세대에서 혹시라도 발병할 수 있는 유전적 질병을 최소화하려는 시도인 것이다. 그 결과 유태인 사회에서 유전자 질환의 발병이 급격하게 줄어들고 있다. 이는 유전자 선별 스크리닝 검사의 혜택으로서 아주 좋은 예다.

한국의 경우 지난 2016년부터 제한적이긴 하지만 12가지 항목에 대해 소비자 개인의 유전자 검사인 DTC가 허용되었다. 아직까지 항목 제한 서비스와 일반인들의 인식 부재로 활성화에 많은 제약이 있다. 하지만 국제적인 개인 직접 의뢰 유전체 시장의 성장과 관련 규제 완화, 저변 인식 확대 및 이에 따른 다양한 산업화 증가 추세로 볼 때 한국에서도 일반인들의 관심이 높아지고, 검사 항목도 다양하게 확대될 것이라고 기대한다.

소비자 유전자 검사는 크게 두 가지 서비스로 나눌 수 있다. '개인 유전자 분석 리포트 서비스Personal Genetic Testing Service'와 '개인 유전체 데이터 분석 서비스Personal Genome Data Service'가 그것이다. 개인 유전자 분석 리포트 서비스는 소수의 특정 마커를 지정한 유전자 증폭 패널PCR Panel을 주로 사용하며 실험실 검사Lab Testing에 기반을 둔 일부 리포트를 만들어서 개인에게 제공하는 단순 일회용 서비스다. 낮은 비용으로 빠른 시간에 검사할 수 있으며 해독과 분석이

분류	기술	해독 규모	회사
유전자 서비스	유전자 패널	1~1000개	패스웨이, 미리아드
유전체 서비스	유전체 어레이	5만~300만 개	진투미, 23앤드미
	엑솜	3000만~5000만개	헬릭스, 지노스
	전장 지놈	60억 개	베리타스, 지노믹스 퍼스널 헬스

유전자와 유전체 분석 서비스 차이

아주 간단하다는 장점이 있지만 일회성 서비스인 만큼 확장성과 추가 유용성이 전혀 없다. 추후 다른 검사가 필요하거나 새로운 결과를 받으려면 샘플 수거부터 모든 실험 과정을 다시 반복해야 한다. 미국의 패스웨이 제노믹스Pathway Genomics, 미리아드Myriad와 앰브리 제네틱스Ambry Genetics를 포함한 대부분의 유전자 분석 서비스 회사 및 한국의 거의 모든 소비자 유전자 회사는 단순 유전자 검사 리포트 서비스를 하고 있다.

이에 반해 개인 유전체 데이터 분석 서비스는 일회성 실험실 검사보다는 개인 유전체 분석으로부터 나오는 유전체 데이터에 기반을 둔 종합 헬스케어 서비스다. 지정된 항목에 대한 결과 리포트를 제공함과 동시에 개인의 종합적인 유전자 정보를 개인의 유전체 지도 또는 파일의 형태로 제공하거나 보관해주는 서비스를 함께 하고 있다. 이 유전체 정보는 다양한 추가 리포트를 만드는 데 사용할 수 있다. 검사 결과 리포트 이외의 다양한 용도로 확장됨과 동시에 미래에 새로운 결과 리포트나 업데이트된 결과를 언제라도 받을 수 있는 종합적인 토털 헬스케어 서비스다. 비용이 단순 유전자 서비스보다 높고 해독과 분석에 시간이 더 걸린다. 고도의 생정보 분석 기술은 물론 다양한 리포트와 데이터 관리가 가능한 종합적인 IT 기술과 그 데이터를 활용할 수 있는 플랫폼도 필요하다.

이러한 개인 유전체 데이터 서비스를 하는 회사는 해외의 23앤드미(www.23andme.com), 헬릭스(www.helix.com), 베리타스(www.

veritasgenetics.com), 지노매치미(www.genomatch.me), 지노믹스 퍼즈널 헬스(www.genomicspersonalizedhealth.com), 지노스(www.genos.com), 지노벅스(www.genobucks.com), 드레곤진박스(www.dragongenebox.com)와 한국의 진투미(www.gene2.me), 지노닥터 (www.genodoctor.com) 서비스가 있다. 소비자 개인 유전체 분석 회사들은 전장 유전체 분석Whole Genome Sequencing, 엑솜Exome 분석 또는 마이크로어레이Microarray 분석을 사용해 개인 유전체를 읽어내고 그 의미를 파악한 후 리포트를 제공한다. 각각의 방법에는 장단점이 있으며 회사마다 차별화된 서비스를 제공한다. 23앤드미와 지노스 등은 아직은 일회성 리포트에 머물고 있는 반면 헬릭스, 지노매치미, 지노믹스 퍼스널 헬스, 지노벅스, 드레곤진박스, 지노닥터, 진투미는 데이터에 기반을 둔 확장성 서비스를 제공하고 있다. 마이지

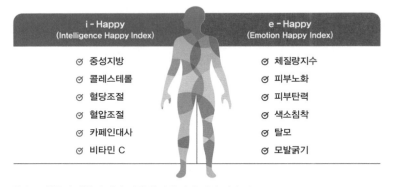

그림 24 한국의 개인 소비자 직접 의뢰 유전자 검사 서비스(Direct to Consumer Genetic Testing Service). 한국은 2016년 일부 승인된 항목과 유전자에 한해 이 서비스를 최초로 허가했다. 46개의 마커를 활용해 12가지 항목에 대한 개인적인 유전자 검사 서비스와 리포트를 제공한다. (사진 EDGC사 Gene2.Me Service)

놈박스(www.mygenomebox.com)나 시퀀싱닷컴(www.sequencing.com) 같은 DNA 데이터 보관 및 활용 앱 포털 등을 이용해 종합적인 유전체 케어를 실현하려고 하고 있다. 일부 유전자 기반 분석 회사들도 그들의 서비스를 유전체 기반 서비스로 업그레이드하거나 변환하는 상황이다.

개인 유전자 또는 유전체 검사 서비스는 유전자 해독Lab Testing 과 분석Data Analysis, 보고Result Report, 데이터 관리Data Management 단계로 나눌 수 있다. 해독은 실험적으로 유전자 서열Sequence이나 유전형Genotype을 유전자 증폭 장치PCR, 어레이 스캐너Scanner, 염기 해독기Sequencer를 사용해 염기값을 읽어내는 과정이다. 분석은 해독 결과를 바탕으로 특정한 염기값의 염색체상의 위치를 파악하고(1차 분석), 특정 위치의 개인 유전자값과 표준 유전자값을 비교해 차이점 또는 변이를 알아내고(2차 분석) 그 변이에 해당하는 의미를 찾아내며 고객이나 환자 또는 의사가 활용하는 데 필요한 결과를(3차 분석) 만드는 것이다. 보고 단계는 환자나 의사가 사용하거나 보관할 결과 분석 리포트나 고객이 사용할 수 있는 포털을 만드는 것이다. 마지막으로 유전자 데이터 관리는 개인의 유전자 정보를 안전하고 편리하게 보관하는 동시에 언제라도 다시 분석하거나 활용할 수 있게 관리해주는 것이다.

보통 이런 과정에서 유전자 해독은 인증된 유전자 검사실에서 수행하고 그 분석이나 결과는 생정보 분석이라는 과정을 거쳐 생성한다. 유전자 검사실 인증은 한국의 경우 유전자검사평가원에서 필요한 절차와 실사를 거친 후 발행해준다. 미국의 경우 CMSCenter for Medicare & Medicaid Services를 통해 CLIAClinical Laboratory Improvement Amendments 1988 또는 ISO-15189 인증이 필요하다. 리포트는 보통 검사 책임자인 메디컬 디렉터Medical Director의 승인을 받아 발행하고 결과는 고객에게 직접 알리거나(소비자 직접 의뢰 검사 서비스) 필요한 경우 의사나 유전 상담사Genetic Counselor를 통해 설명과 함께 통보하고 그에 필요한 조치를 취하게 된다. 유전자 분석 서비스는 여기서 단계가 끝나지만 유전체 분석 서비스는 결과 리포트 이외에 개인의 고유 유전자 데이터가 생성된다.

유전자 분석의 5가지 용도

    1. 유전적 질병의 진단Genetic Disease Diagnosis은 현재 가지고 있는 질병을 위한 유전자 검사다. 다운 증후군Down Syndrome이나 지중해성 빈혈Thalassemia, 헌팅턴Huntington 질환 검사 등이 해당한다. 보통 증상이 있는 환자의 확진이나 치료를 목적으로 실시한다.

    2. 유전적 질환에 대한 선별 검사Genetic Disease Screening Test는 현재 질병으로 나타나지는 않았지만 미래에 생길지도 모르는 유전적 질병 검사다. 주로 신생아 선별 유전자 검사New Born Screening Test로 많이 행해진다. 부분 염색체 이상 유무 검사, 윌슨Willson 증후군 검사, 유전성 난청 검사, 페닐케톤뇨증Phenylketonuria 검사 등이 이에 속한다. 유전적 질환에 대한 선별 검사는 증상이 나타난 환자에게 시

행하기보다 증상이 있지 않지만 잠정적인 문제점을 미리 파악하기 위한 검사다.

3. 유전적 질병 보균 검사Disease Carrier Screening Test는 미래에 자식이나 후손에 전달되어서 생길지도 모르는 보균 유전적 질병 검사다. 낭포성 섬유증Cystic Fibrosis이나 아시케나지 유대인 유전병Ashkenazi Jewish Genetic Disease 같은 희귀 유전병 보균 검사가 이에 해당된다. 서구 사회에서는 최근 불임 부부나 결혼을 앞둔 예비부부의 보균 유전자 검사를 실시함으로써 잠재적일지라도 발생 가능성이 있는 자녀의 유전적 문제점을 예측하고 대비하는 서비스가 점점 보편화되고 있다.

4. 질병 위험도 예측 유전자 검사Disease Risk Genetic Test는 다양한 질환에 대한 발병 위험도를 유전자 검사를 통해 예측함으로써 예방할 수 있도록 하는 검사다. 다수의 유전자와 환경, 생활 습관 등에 의해 복합적으로 발생하는 성인병 질환의 예방을 위한 예측 검사Predictive Disease Risk Assessment Test인 것이다. 각종 암이나 알츠하이머병Alzheimer, 노인성 황반변성Age related Macular Degeneration; AMD, 당뇨병 같은 질병에 대한 위험도 검사 등이 이 부류에 포함된다.

5. 고객 관심 유전자 분석Consumer Genetic Test은 질환이나 병과는 관련이 없지만 다양한 호기심과 개인의 선천적인 특성 및 특질 등을 파악해 건강하고 행복한 생활과 건강 관리, 개인 맞춤 라이프 스타일에 도움을 주기 위한 새로운 개념의 고객 유전자 분석 서비스다.

그림 25　유전자 분석 기반 맞춤 화장품 서비스. 먼저 개인의 유전자를 분석해 선천적인 피부 타입을 파악하고, 이에 맞는 화장품 라인을 추천하는 서비스다. 피부의 선천적인 노화와 신축성, 수분 함유 능력 등과 관계있는 유전자 검사를 통해 유전적 피부 타입을 알려준다. (사진 제공 제노힐 G2Cell)

고객 관심 유전자 시장에서 가장 활발히 확장이 추진되고 있는 분야는 개인의 유전적 피부나 모발, 비만 타입을 바탕으로 한 스킨케어나 두발 및 비만 관리, 건강을 위한 다양한 보조식품 서비스 분야다. 사업 경쟁이 심해지고 소비자의 요구도 점점 고도화되고 있다. 현재까지 고객 관심 유전자 검사로 해외에서 가장 많이 시행되고 있는 것은 유전자 기반 조상을 파악하는 서비스이다.

Part II

3장
암과 유전자

Cancer and Genes

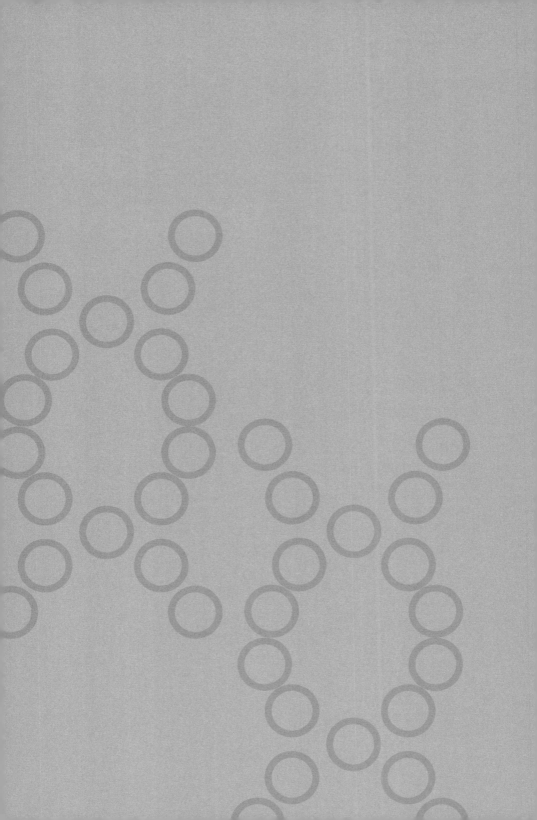

유전자를 활용한 암과 질병의 예방

암의 발생 이유

암은 인류가 가장 두려워하는 질병 중 하나다. 세포 주기가 조절되지 않아 세포 분열을 계속하는 질병으로 어느 조직에서나 발생할 수 있다. 세포의 성장 유전자나 암 억제 유전자에 돌연변이가 생겨서 그 기능을 제대로 하지 못하는 까닭에 나타난다고 알려져 있다. 예를 들어 50% 이상의 암에서 대표적인 암 억제 유전자인 p53 유전자의 돌연변이가 관찰된다. 즉 암은 주 발병 원인이 유전자 변화인, 대표적인 유전자 질환이다.

좀 더 구체적으로 살펴보면, 암은 유전자의 이상으로 인해 더 이상 자라지 않아야 할 세포가 죽지 않고 계속 증식해 발생한다. 끊임없이 증식하다 보니 이에 필요한 영양분을 신체에서 과도하게 소비해 인체를 허약하게 만든다. 그리고 이상 증식 유전자를 포함한 암세포가 몸의 다른 부위까지 '전이'되어 그곳에서도 새로운 암을 발생시키고 결국 몸 전체를 망가뜨려 사망에 이르게 한다.

암에 대한 오해와 공포

옛날부터 암은 존재했다. 다만 의학과 과학이 발달되지 않았던 과거의 인류는 그 실체를 정확히 알 수 없었기에 '괴질' 즉 '원인을 알 수 없는 병'으로 생각했다. 또한 과거의 사람들은 대부분 세포 내 유전자 변이가 암으로 발병할 만큼 축적되기까지 오랜 기간을 살지 못했기 때문에 암이 모든 사람의 두려움의 대상은 아니었다. 그렇지만 현대 사회의 인간 수명은 급격히 늘어나, 암은 모두가 가장 두려워하는 질병이 되었다.

암의 실체를 확인한 것은 인체 해부가 허용되면서부터다. 동서양을 막론하고 오랜 기간 인간의 몸을 해부하는 것을 터부시했으나, 서양에서 12세기경부터 인체 해부를 하며 이를 기록으로 남겼다. 이것이 과학적인 현대 의학의 시작이 되었다. 인체의 내부를 들여다볼 수 있게 되면서 인류는 암이 무엇인지 알게 되었다. 그런데 실체를 알고 의사나 환자 혹은 일반인까지 암에 대한 공포는 오히려 극심해졌다.

의사들은 수술을 해서 암 덩어리를 제거해도 몸의 다른 곳에서 재발하고, 수술을 반복해야 하는 상황에서 결국 허약해진 환자가 죽음에 이르는 것을 지켜봐야 했다. 항암 약품이 개발되어 사용하고는 있지만 약에 반응하지 않거나, 심각한 부작용으로 고통받는 경우도 비일비재했다. 환자는 암의 공포로 병이 더 악화되었고, 이를 지켜보는 가족이나 일반인들의 공포 또한 커져만 갔다.

인류는 역사상 최강의 질병에 속수무책이었고, 한동안 암에 걸리면 곧 죽는다는 식의 공포가 만연했다. 이는 그리 오래되지 않은 영화나 드라마만 보아도 잘 알 수 있다. 대부분의 암 환자는 치료에도 불구하고 죽음을 앞두고 있거나 많은 고통을 겪다가 결국 사망하는 것으로 묘사되었다. 소위 불치병으로 여겼던 것이다.

암에 대한 이해

하지만 인류는 꾸준한 연구와 임상을 통해 암에 대한 많은 정보를 알아냈다. 최근에는 암 유전체 연구에 성공해 암에 대한 이해와 진단 및 치료에 획기적인 전환을 가져왔다. 이제 암은 불치병이 아니라 예측과 치료 및 관리가 가능한 새로운 만성 질환으로 바뀌고 있다.

최근에는 실제로 수많은 환자가 암을 이겨내고 완치 판정까지 받고 있다. 암에 대한 공포가 과거처럼 절망적이지 않다. 앤젤리나 졸리처럼 암이 발병하기도 전에 적극적인 선제 예방 조치를 취하기도 한다.

암의 최상의 치료법은 조기 발견과 예방이며, 예방하기 위한 전제 조건은 예측이다. 암의 조기 발견이 좋은 이유에 대해 과거에는 수술이 용이하기 때문이라고 생각했다. 하지만 현재는 초기에 발견된 암이 이후에 발견된 암에 비해 치료가 훨씬 쉽다는 사실이 규명되었다. 전이된 암은 더 많은 유전자 변이가 있어 고치기 더욱 힘들어지고, 말기에 이르면 이미 너무나 많은 유전자 변이로 인해 현대 의학으로는 고치거나 억제할 수 없다. 그저 다양한 항암제에 의존하며 환자의 생존 기간을 일부 늘려줄 수 있을 뿐이다.

다행히 이제는 암을 발생시킨 유전자 변이를 확인하고, 그에 맞는 맞춤 치료를 할 수 있다. 이뿐만 아니라 암이 발병하기 전에 유전자 검사를 통해 발병 확률이 높은 암을 파악해 맞춤 예방과 맞춤 검진을 할 수 있는 시대가 도래했다. 우리가 미래에 걸릴지도 모르는 암과 다양한 질병에 대해 우리 유전자는 이미 알고 있기 때문이다.

물론 현대 의학이 아무리 발달했다 해도 단 한 번의 간단한 방법으로 모든 종류의 질병을 알아내지는 못한다. 그렇다 해도 특정 질병이 발병할 확률이 높다는 것을 알게 되면, 그 질병에 대해 정밀 검사를 꾸준히 해 혹 발병하더라도 조기에 알아낼 수 있으며 이는 완치로 이어질 것이다. 이것이 바로 개인의 유전자 분석에 의한 맞춤 검진이다.

유전적 요인을 파악한 후라면 비록 유전적 위험이 평균보다 높다 하더라도 건강한 식이 요법과 적당한 운동, 건전한 생활 습관 등 비유전적 요인의 개선으로 암이나 특정 질병을 유발하는 유전자를 작동하지 않게도 할 수 있다. 질병 보호 또는 억제 유전자의 활성을 최대화하는 것도 가능하다. 이러한 맞춤 예방 전략이 질병을 피할 수 있는 최선의 방법이다.

암과 유전자

어떤 종류의 암이건 관계없이 암의 발병률을 높이는 것에 대해서는 많은 연구가 되어 있다. 이에 따르면 스트레스는 모든 암과 질병 발생의 가장 중요한 요인이다. 건강에 좋지 않은 음식이나 흡연이 수많은 발암 물질을 만들어낸다는 것 역시 상식이다. 특정 암의 예방이나 치료를 위해 피해야 할 것과 도움을 주는 것도 이미 많이 알려져 있다. 자극적인 음식과 위암 및 대장암의 관계, 흡연으로 인한 폐암의 위험, 방사선이 유방암 및 갑상선암에 미치는 영향, 자외선과 피부암의 연관성 등이 그런 것이다.

누군가 특정 암에 걸릴 확률이 높을 경우 상관관계에 놓인 비유전적 요인을 잘 관리하는 것이 암의 발병 확률을 낮추는 훌륭한 예방법이 될 수 있다. 예를 들어 유전자 검사에서 폐암을 일으키는 유전자 확률이 높게 나타났다면, 즉시 흡연을 중단하고 건강한 생활을 유지하는 것이 좋은 예방법인 것이다.

유전자 검사를 위한 용기

한 가지 생각해볼 것은 필요성을 떠나 유전자 검사에 심리적 부담감을 가진 사람들에 대한 이야기다. 이런 경우를 예상해볼 수 있다. 우리가 어린 자녀의 유전자 검사를 해 결과를 알았다고 치자. 과연 자녀에게 그 사실에 대해 언급을 하거나 주의를 줄 수 있을까? 암이나 특정 질병이 무엇인지도 모르는 어린아이에게 그 질병에 대해 설명한다고 예방이 되기도 힘들 텐데 말이다.

어린 자녀에게 "너는 어떤 질병에 걸릴 확률이 높다"라는 말을 하는 것 자체를 매우 꺼리는 부모도 있을 것이다. 자녀가 암과 같은 특정 질병에 걸릴 확률이 얼마나 되는지를 유전자 검사를 통해 알아보는 것을 두려워할 수도 있다. 모든 부모는 아이가 질병이라는 단어와 연관되는 상황조차 생각하기 싫어할 것이다.

하지만 그렇다고 해서 진실이 사라지는 것은 아니다. 오히려 자녀나 가족을 진정으로 사랑한다면 용기를 가지고 확인하고 하루라도 빨리 그에 대응해나가야 한다. 특정 질병의 위험을 높이는 유전자가 있다면 어릴 때부터 그에 대응할 수 있게 제대로 된 예방법을 습관으로 만들어주는 것이 아이의 미래를 위해 옳은 일이다. 좋은 습관이 몸에 배면 그만큼 질병의 발생 위험이 줄어들기 때문이다. 비록 유전자상으로는 질병의 발생 위험이 높다 해도 제대로 예방하면 평생 발현되지 않을 수도 있다. 그것이 바로 유전자 정보로부터 질병에 대처하는 가장 현명한 방법이며 용기라고 생각한다.

이러한 전제하에 지금부터 암 및 다양한 질병과 유전자와의 관계에 대해 자세히 알아보도록 하겠다. 이를 바탕으로 우리는 인류의 수명이 늘어가면서 큰 위협으로 다가오고 있는 다양한 만성 질환과의 싸움에서 주도권을 가질 수 있을 것이다.

유방암과 유전자

유방암은 유방에 발생하는 악성 종양을 통틀어 말한다. 환경적 요인과 유전적 요인에 의해 발생하며, 특히 여성 호르몬인 에스트로겐이 발암 과정에 중요한 역할을 한다. 한국의 경우, 지난 15년 사이 유방암의 발생이 4배 가까이 늘어났다. 한국의 유방암 발생 증가는 고지방, 고칼로리로 대변되는 서구화된 식생활과 이에 따른 비만, 늦은 결혼과 출산율 저하, 모유 수유 기피 등 다양한 원인이 복합적으로 작용하는 것으로 본다.

유방암의 발생은 유전적 요인과 비유전적 요인인 환경, 생활 습관과의 사이에서 복잡한 연관 관계를 보인다. 특정 변이가 발생 시 유방암의 위험성을 증가시키는 유전자로는 BRCA1breast cancer 1,

BRCA2breast cancer 2, TP53tumor protein 53, PTENphosphatase and tensin
homolog, CDH1cadherin 1, PALB2partner and localizer of BRCA2 등이 알
려져 있다.

정상적인 BRCA 유전자는 세포 내에서 DNA가 손상을 입었을
때 복구하는 기능을 하는 암 억제 유전자다. 이 유전자에 손상이 생
기면 세포내에 DNA 변이가 발생해도 복구 기능을 제대로 수행하지
못하므로 세포내 이상을 초래하고 유방암 또는 난소암의 위험도가
크게 증가되는 것으로 알려져 있다.

그렇다면 유방암 확률을 크게 높이는 유전적 변이가 있다는 사
실을 알았을 때 어떠한 대처를 할 수 있을까?

먼저 짚고 넘어갈 점은 유방암 유전자가 여자와만 관계있다고
알고 있다면 그것은 크게 잘못된 상식이라는 것이다. 여자와 같은

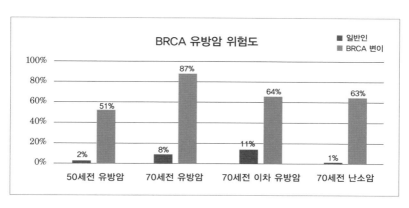

그림 26 BRCA 유전자 변이에 따른 유방암과 난소암의 위험도. 일반인은 70세까지 유방암이 발
병할 확률이 8%이나 BRCA 유전자에 변이가 있으면 11배 이상 증가하고 재발의 확률도 6배 정도
높아진다. 난소암의 발병 확률 또한 아주 높게 증가하는 것으로 알려졌다.

확률로 남자도 유방암에 관계된 유전자 변이를 가지고 태어날 수 있으며, 여자에 비해 아주 낮은 확률이긴 하지만 남자들도 유방암이 발병하는 경우가 있다. 따라서 남녀 성별에 관계없이 유전자 검사를 통해 유전적 위험을 미리 알게 되면 예방적 조치를 해 발병을 억제하거나 지연시키도록 해야 한다. 또한 미래의 자녀, 특히 딸에게 전달되지 않도록 신경 써야 한다. 비록 자신은 유방암에 걸리지 않더라도 유방암 관련 유전자 변이를 50%의 확률로 자손에게 물려줄 수 있기 때문이다.

이런 경우 선제적인 방법으로 시험관 수정을 활용할 수 있다. 먼저 유전자 스크리닝Preimplementation Genetic Diagnosis ; PGD 검사를 해 자녀에게 문제가 될 유전자를 선별해내고 유전적 변이를 가지고 있지 않은 수정란을 착상하는 방식으로, 이렇게 하면 자식에게 나타날지도 모르는 암을 예방할 수도 있다. 만약 자연적인 임신으로 자식이 변이 유전자를 가지고 태어났을 경우에는 어렸을 때부터 그 질병에 걸리지 않도록 최대한 예방해야 한다. 그럼 어떻게 유방암 등 질병의 위험으로부터 보호하고 발병을 피하거나 지연시킬 수 있는지 알아보자.

생활 습관

모든 암의 예방적 생활 습관으로 운동만큼 중요한 것은 없다. 주기적으로 수영이나 자전거 타기, 테니스, 조깅, 산책 등의 운동을 한다면 암의 위험도를 현저히 낮출 수 있다. 특히 유방암의 경우, 여성 호르몬 에스트로겐이 유방암의 발병 위험을 높이는 것으로 알려져 있는데, 에스트로겐은 운동을 하면 수치가 낮아진다.

출산 후 1년 이상 모유 수유를 하는 것도 유방암의 위험성을 줄이는 방법이다. 초경 후 16년 이내에 첫 번째 아이를 출산하고 모유 수유를 하면 안정적인 호르몬 분비가 이루어지며 유방암의 원인이 되는 에스트로겐의 분비 또한 변화시켜 유방암 위험성이 상당히 줄어든다.

정기적인 유방 검사만으로도 암을 조기 발견하는 데 큰 도움이 된다. 만약 유방암 관련 유전자에 변이가 있다면 가능한 한 빨리 유방 검사를 받고 정기적으로 검진해 발병 시 최대한 조기 발견하도록 해야 한다.

미국 암유전 연구협회는 유방암 위험도가 높은 사람은 초경을 한 나이부터 유방 자가 검사법을 숙지하고, 25세부터 정기적으로 유방 검사를 의사에게 받을 것을 권고한다.

그리고 혈중 내 비타민 D가 부족한 경우 유방암, 대장암, 전립선암과 같은 호르몬성 암 발병의 위험이 커지는 것으로 최근 알려졌다. 비타민 D의 하루 권장량을 제대로 섭취하면 이러한 암의 위험성을 30~50% 줄일 수 있다고 한다. 한국인은 비타민 D 부족 현상이 심한 편이므로 섭취에 신경을 써야 한다.

비타민 D의 혈중 농도에 관여하는 것은 GC 유전자이다. GC 유전자에 변이가 있는 사람은 혈장 비타민 D의 농도가 낮아 비타민 D 결핍증을 일으킬 확률이 높다고 알려져 있다. 그러므로 암 유전자의 변이와 함께 GC 유전자의 변이가 있다면 비타민 D를 섭취해 암의 발병률을 현저히 낮출 수 있다.

또한 최근 여성들의 장시간 브래지어 착용이 유방암의 발병률을 높인다는 연구 결과가 나오기도 했다. 브래지어 속의 금속 와이어가 유방 조직의 노폐물 배출에 중요한 역할을 하는 림프액의 흐름을 막기 때문에 브래지어를 오래 착용한 여성의 유방암 발병률이 그렇지 않은 경우에 비해 훨씬 높다는 것이다. 그러므로 유방암 위험을 줄이기 위해 금속성 브래지어의 착용을 피하고 외출 후에는 착용하지 않는 생활 습관도 유방암의 발병 위험을 줄이는 데 도움이 될 것이다.

유방암 영상 검사

정기적으로 영상 검사를 하는 이유는 가능한 한 암을 초기에 발견하기 위해서다. 일반 검사를 정기적으로 해도 일부 암을 발견할 수 있지만 유방 내부의 작은 암은 발견하기 쉽지 않으므로 영상 검사를 할 필요가 있다.

유방암 검사에 가장 많이 사용되는 영상 검사 기술은 유방 조

영상Mammogram이다. 유방의 조직을 검사하기 위한 특별한 엑스선 X-ray 장비를 이용하는 것으로 환자의 가슴에 전자기파를 조사해 이미지를 얻는다. 이 외에 음파를 사용하는 초음파Ultrasound 검사나 자성에 의한 이미지를 사용하는 자기 공명 화상법인 MRIMagnetic Resonance Image 검사도 있다.

여기서 참고할 것은 암 억제 유전이다. 대부분의 암의 위험성을 증가시키는 유전자 변이는 DNA가 손상되었을 때 나타난다. 그것을 복구해 암 발생 억제 기능을 하는 유전자를 암 억제 유전자Tumor Suppressor Genes라고 한다. 이 암 억제 유전자가 정상 기능을 하지 못하게 되면 암 위험이 높아지는 것이다.

주의할 점은 유방 조영상으로 엑스선 전자기파를 조사할 경우 그 파장에 의해 DNA가 손상을 입고, 훼손된 DNA가 복구되지 못하고 암세포로 전환될 수 있다는 점이다. 이 때문에 BRCA 유전자가 손상된 사람은 DNA에 피해를 주는 전자기파에 노출을 최소화하는 것이 아주 중요하다. 반복적인 방사선 조사로 이런 DNA가 계속 손상을 입으면 정상적인 세포가 암세포로 변하고, 그 세포가 무제한 증식해 유방암이 발생하게 된다.

따라서 DNA 손상을 치료하는 암 억제 유전자에 변이가 있다면 엑스선이나 CAT 스캔 같은 방사선을 이용하는 영상 검사는 최대한 피해야 한다. 특히 어린아이의 경우 BRCA 유전자변이가 있다고 한다면 엑스선 검사는 아주 필요한 경우가 아니면 최소화하는 것이 좋다. 대신 초음파나 자기 공명 화상법과 같은 대체 영상 방법을 담당 의사에게 부탁하는 것이 자녀의 미래의 암 발생 확률을 현저하게 낮추는 방법이다. 특히 20대 이전의 잦은 방사선 노출은 암의 위험도를 200% 이상 높일 수 있다는 연구 보고가 있다는 사실을 알아둘 필요가 있다. 그래서 미국에서는 유방암 위험 관련 유전자에 변이가 있는 환자는 가능한 한 엑스선 영상 방법 대신 자기 공명 화상이나 초음파 영상 검사를 하도록 추천한다.

유전자 정보에 기반을 둔 선제 화학 요법
– 항암 화학 요법과 화학 예방 요법

암 예방 전략의 가장 기본은 생활 습관의 변화와 주기적인 검사이지만 좀 더 적극적인 방법으로 화학 예방 요법과 같이 선제적으로 약물을 사용하는 방법도 있다. 일반적인 항암 화학 요법Chemotherapy은 발생한 암의 치료에 쓰는 반면 화학 예방 요법Chemoprevention은 암이 발생하기 전 그 위험도를 낮추기 위해 약을 미리 처방해 복용하는 것이다.

타목시펜Tamoxifen은 가장 잘 알려진 유방암 치료제로 몸속에서 에스트로겐 수용체를 차단해 유방암의 확장을 막아주므로 항암 화학 요법에 자주 사용한다. 만약 BRCA 변이와 같은 유방암의 위험을 증가시키는 유전자 변이가 있고, 출산과 수유를 마친 사람이라고 한다면 유방암 예방 차원에서 화학 예방 요법으로 타목시펜을 복용하는 것도 고려해볼 수 있다. 유방암 위험도가 높은 35세 이상의 여성이 5년 넘게 연속해서 타목시펜을 미리 복용하면 유방암의 발병 확률을 40% 이상 낮추는 것으로 보고되었다.

그러나 타목시펜 같은 에스트로겐 차단제의 사용이 무조건 권장되는 것은 아니다. 타목시펜 화학 예방 요법은 조기 폐경을 유도한다. 그리고 이 방법이 모든 사람에게 도움을 주는 것도 아니다. 타목시펜은 복용하면 간에서 CYP2D6 단백질에 의해 활성을 나타내는 형태로 대사 된다. 그래서 CYP2D6라는 약물 대사 단백질에 변이가 있는 경우 타목시펜 화학 예방 요법을 한다 해도, 몸속에서 에스트로겐 수용체를 제대로 차단하지 못하거나 아주 천천히 차단해 약의 효력이 제대로 발휘되지 못한다.

이러한 CYP2D6 단백질에 변이가 있는 사람은 전체 인구의 10% 정도인 것으로 알려졌다. 따라서 만약 유방암 위험 확률이 높고 타목시펜 예방 요법을 고려한다면 CYP2D6 유전자의 활성도를 미리 검사해 처방을 해야만 유방암 예방과 치료에 도움을 줄 수 있다.

수술에 의한 예방

유방암 위험이 높은 사람이 할 수 있는 가장 적극적인Aggressive 예방법은 앤젤리나 졸리가 시행한 것과 같은 예방적 차원의 수술Prophylactic Surgery이다. 잠정적인 질병의 예방적 차원에서 시행하는 수술은 암과 같이 그 결과가 아주 치명적인 경우가 아니면 고려하기 쉽지 않다. 하지만 BRCA 유전자 변이와 같이 높은 위험 요소를 가지고 있다면 적극적인 예방 차원에서 수술도 고려해볼 수 있다. 통계적으로 양쪽 유방을 모두 제거했을 때 95% 정도 유방암의 위험도를 낮출 수 있다.

그리고 많은 경우 유방암의 위험 유전자는 난소암의 발병 확률을 함께 증가시킨다. 따라서 유방과 난소를 동시에 혹은 난소나 유방 하나만을 제거하는 선택을 할 수 있다. 물론 두 가지를 다 제거하는 것이 전체적인 위험도를 가장 낮춰준다. 하지만 하나의 수술을 선택해야 한다면 따져봐야 한다. 난소를 제거하는 경우에는 난소암의 확률을 5% 이하로 낮출 수 있을뿐더러 유방암의 확률도 50% 정도 줄어든다. 반면에 유방의 제거는 유방암의 발병률은 현저히 낮추지만 난소암의 위험을 함께 줄이지는 못하는 것으로 알려져 있다.

단, 난소를 없애면 임신이 불가능하므로 더는 아이를 가질 계획이 없을 때에만 시술해야 한다. 하지만 폐경이 온 50대 이후에는 난소를 제거하는 것이 암의 위험을 줄이는 데 큰 도움이 되지 않는다.

유방의 경우에는 수술을 해도 아주 적은 양의 유방 조직이 남아 거기에서 암이 발생할 수도 있기 때문에 모든 위험을 없애기는 불가하다는 점도 알아둘 필요가 있다. 또한 예방적 차원의 수술은 외모의 변화로 오는 심리적인 충격, 삶의 질 저하, 정신적·심리적 불안 등 복합적인 문제를 가져올 수 있다는 점도 고려해야 할 사항이다.

또한 수술을 통해 유방암과 난소암의 위험을 현저히 낮추었다 하더라도 BRCA 변이를 가진 단백질을 몸에서 없앤 것은 아니므로, 이러한 유전자 변이가 다른 암의 발병도 증가시킬 수 있다. 이 때문에 다른 암의 발병에도 최대한 신경을 써서 조기 발견할 수 있도록 항상 노력해야 한다.

유전자에 기반을 둔 유방암 맞춤 치료

아무리 조심하더라도 결국 암에 걸릴 수 있다. 이때 개인의 유전자 검사 정보는 암을 치료하고 투병하는 데 꼭 필요한 개인 맞춤 치료 정보를 줄 수 있다. 최근 유방암의 새로운 타깃 항암제로 크게 관심을 받고 있는 파프PARP; Poly ADP-ribose Polymerase 기작의 기능 저하 억제제인 올라파립Olaparib이 미국과 한국을 비롯한 많은 국가에서 허가를 획득했다.

파프 억제제는 BRCA1/2와 같은 유전자 변이가 있어 DNA 손상 복구 기능이 결손된 암세포의 세포사를 유도하는 BRCA 유전자 변이 표적 항암제다. 특히 아직 마땅한 치료제가 없는 삼중 음성 유방암Triple Negative Breast Cancer 환자에게도 효과가 있는 것으로 확인되면서 기대가 커지고 있다.

이 약은 전이성 유방암 환자이면서 BRCA 유전자 돌연 변이 보

유방암 예방 조치(일반인)
1. 40세 이후 2-3년마다 정기적인 의사 검진과 영상 검사
2. 정기적인 운동과 건강식
유전자 맞춤 유방암 예방 조치(BRCA 변이 보인자)
1. 어려서부터 방사선 노출 최소화(엑스선)
2. 16세 이후 자가 유방 검사 교육과 시행
3. 24세 이후 매년 정기적인 의사 검진
4. 엑스선 유방 조형술 대신 자기 공명 화상법이나 초음파를 이용한 주기적인 영상 검진
5. 가능한 한 초경 후 16년 이내 첫 임신과 출산
6. 모유 수유 1년 이상
7. 매년 혈액 CA-125 암 표지 검사
8. 비만 관리(특히 폐경 후 비만 조심)
9. 에스트로겐 경구 피임약 사용 금지
10. 녹차와 커피 정기적인 복용
11. 음주 자제
12. 와이어 없는 브래지어 착용
13. 엽산(비타민 B9) 300ug 매일 복용
14. 비타민 D 권장량 정기적인 복용
15. 예방적 약물 복용(35세 이후 타목시펜 5년 이상 복용)
16. 예방적 절제 수술(유방 또는 난소)

유 환자를 대상으로 사용한다. 한국에서도 2017년부터 영국 아스트라제네카AstraZeneca의 파프 저해제인 올라파립의 허가를 받고 시판을 시작했다.

폐암과 유전자

폐암은 '조용한 암'이라 불린다. 초기 증세가 거의 없어 조기 발견이 어렵고 생존율이 낮은 치명적인 질병이다. 한국의 통계 자료를 보면 폐암은 남자가 여자보다 2배 이상 많이 발생하며 환자의 80% 이상이 비소세포Non-Small Cell 폐암이고, 소세포Small Cell 폐암은 20% 이내다.

이러한 폐암은 유전적 요인보다 비유전적 요인이 더 크게 작용하는 암 중 하나다. 일반적으로 폐암은 유전적 요인은 10% 정도이고 비유전적 요인이 90% 이상으로 알려져 있다. 유전적 위험 인자로 잘 알려진 것은 TERT 유전자의 rs2736100 변이와 CHRNA3 유전자의 rs938682 변이 표지자다. 이 외에도 폐암 관련 유전자가 많이 알려져 있지만 대부분의 관련 유전자는 유전성 유전자 변이가 아니라 암 조직에서만 발견되는 후천적 변이Somatic Mutation에 의한 것이다. 폐암의 후천적 변이로 가장 많이 알려진 것은 EGFR과 KRAS 유전자 변이로 전체 폐암 환자의 절반에서 발견되고 있다. 따라서 유전자 변이를 타깃으로 한 다양한 표적 항암제가 개발되었다.

앞에서도 말했지만 폐암은 비유전적 요인이 높은 암으로 흡연이 폐암 발생의 제1 원인이나 마찬가지다. 그렇기 때문에 암의 가장 좋은 예방법은 바로 금연이다. 흡연자의 폐암 발병률은 비흡연자에 비해 13배에 달한다. 만약 하루에 꾸준히 2갑 이상 피운 사람이라면 폐암의 발생 위험도는 40~50배에 달한다. 게다가 담배를 피우다 끊었어도 흡연으로 인해 누적된 유전자 훼손까지 완전히 없어지는 것은 아니므로 아무리 오랫동안 금연해도 비흡연자보다 폐암의 발병 위험성이 상당히 높을 수밖에 없다. 통계에 따르면 폐암 사망자의 85% 이상이 흡연이 원인이었다. 나머지 15%의 비흡연 폐암 발병자 대부분은 여성이다.

담배는 특히 중독이 심한 기호품이다. 중독은 신경 전달 물질 유전자에 크게 영향을 받는데 CHRNA 유전자에 변이가 있는 사람은 담배 의존도가 특히 심한 것으로 알려져 있다. 따라서 금연을 하는 것 또한 일반인들보다 훨씬 어려운데 특히 아시아인과 흑인에서 이 유전 인자를 가진 사람이 많다.

또한 CYP1A2 유전자 1A형은 카페인Caffeine 대사가 빠른데,

일반적으로 커피를 많이 마시는 사람은 흡연의 유혹에 더 빠지기 쉽다. 그러므로 이 유전자형을 가진 사람은 담배를 끊기 위해서는 금연과 함께 커피를 줄이거나 마시지 않는 것이 더욱 효과적이라고 알려져 있다. 특히 CHRNA3 유전자에 변이가 있는 사람은 흡연과 함께 술을 과도하게 마시는 경향이 강하기 때문에 술도 함께 절제해야 효과적인 금연이 가능하다고 알려졌다.

여기서 알 수 있는 것은 금연의 성공 가능성 또한 유전자에 달렸고, 본인의 유전자에 따라 알맞은 금연 방법을 시행해야 효과적으로 담배를 끊을 수 있다는 점이다. 어떤 유전자가 어떻게 중독을 일으키는지 파악하고, 유전자에 기반을 둔 맞춤 금연 전략을 통해 담배를 성공적으로 끊도록 하면 폐암의 위험을 낮출 수 있다.

예를 통해 알아보자. 미국 FDA에서 승인을 받은 금연 약 중 부프로피온Bupropion이 있다. 이 약은 담배에 대한 욕구가 줄어들게 유도해 금연을 도와준다. 그럼에도 불구하고 60% 이상의 사람이 이 약물을 사용한 금연 방법에 실패하고 일부만 효과를 본다. 최근의 연구에서 CYP2D6와 DRD2 유전자에 변이가 있는 사람은 부프로피온의 효력이 더 높은 것으로 알려졌다. 그리고 대략 50%의 흑인과 45%의 백인, 25%의 아시아인에게 이 유전자의 변이가 있다. 따라서 부프로피온은 흑인과 백인에 비해 아시아인에게는 금연효과가 덜한 것이다.

부프로피온에 잘 반응하지 않는 사람은 오히려 금연 껌이나 패치 또는 흡입 스프레이 같은 것을 이용하는 니코틴 치환 요법Nico-tine-replacement Therapy이 훨씬 더 효과적이다. 또 다른 연구에서는 개인의 유전자형의 차이에 따라 패치나 흡입 스프레이가 다른 효과를 보이는 것이 보고되었다. 부프로피온과 니코틴 치환 요법이 적합하지 않은 유전 인자를 가진 사람에게는 최근 개발된 바레니클린Varenicline이 좋은 효과를 보이는 것으로 알려졌다.

이처럼 개인의 유전자를 이해하고 자신에게 가장 잘 맞는 방법을 선택해야 금연에 보다 쉽게 성공하고 폐암과 함께 다른 다양한 질병의 위험도 낮출 수 있다. 유전자 분석을 통해 폐암의 발생 위험도뿐만 아니라 담배 중독에 얼마나 취약한지, 어떤 금연 방법이 적합한지도 파악 가능하다. 또 CHRNA와 GRINB2 유전자를 분석해 담배를 처음 접하는 나이와의 상관관계를 예측할 수도 있다.

그 외 폐암의 중요한 환경적 원인으로는 방사능 물질로 알려진 라돈Radon 가스와 석면 등이 있다. 폐암은 이러한 생활과 환경의 변화만으로도 그 위험을 대부분 없애거나 줄일 수 있는 것이다.

위암과 유전자

위암은 전 세계적으로 한국과 일본에서의 발병률이 높은 반면 미국 유럽을 포함한 서구에서는 아주 낮다. 특히 한국에서 위암은 암 가운데 가장 발병률이 높으며, 사망률 또한 폐암에 이어 2번째를 차지하고 있다.

한국인에게 발병되는 위암의 95% 정도는 위벽의 점막인 샘세포에서 생기는 선암Adenocarcinoma이다. 위암의 원인은 유전적 요인과 비유전적 요인이 복합적으로 작용하는데 비유전적 요인은 섭취하는 음식물과 연관이 높은 것으로 알려져 있다. 음식물에 포함된 각종 유해 물질, 가공한 육류에 많이 들어 있는 질산염과 아질산염은 위암을 생기게 하는 강력한 물질이다. 맵고 짠 자극적인 음식을 선호하는 한국인의 식문화와 함께 한국의 음주와 흡연 문화도 높은 위암 발병률과 상관관계가 있다고 본다.

헬리코박터 파일로리*Helicobacter pylori*균에 의한 위염과 위궤양 또한 위암 발생을 증가시키는 중요한 원인이다. 전체 위암 환자의 50% 정도가 헬리코박터균 감염 환자다. 헬리코박터는 세균 중에서 악성 종양의 원인이 될 수 있는 것으로 공식 지정된 유일한 병원체 다. 한국의 경우 반찬과 찌개를 공유하는 식생활 문화가 높은 감염 률과도 연관이 있어 보인다.

이러한 위암 발병의 위험도와 연관이 있는 유전자는 MPO와 MTHFR다. 또한 유전적 확산 위암Hereditary Diffuse Gastric Cancer의 경 우 20~40%의 환자는 CDH1cadherin1의 변이를 가지고 있다. CDH1 유전자에 단 한 개라도 선천적 변이가 있을 경우 남자는 70%, 여자 는 56%가 후천적 변이를 획득해 암이 발병한다고 알려져 있다.

구체적으로 살펴보면, CDH1은 위벽에서 상피세포가 제대로 자라게 하는 역할을 한다. 이 때문에 변이가 발생한 사람은 비정상 적인 세포 간의 접촉으로 암이 쉽게 발생하게 된다. CDH1 변이가 있는 사람은 헬리코박터균의 감염도도 높아진다. 이 외에 CTNNA1 의 유전자도 유전적 확산 위암을 일으키는 것으로 알려져 있다.

위암은 조기 진단이 쉽지 않고 사망률이 높기 때문에 자신의 위험도를 미리 예측하고 예방과 조기 발견에 힘쓰는 것이 최선의 방 법이다. 특히 위암의 위험이 높은 사람은 음식을 짜게 먹지 않고, 과

음과 흡연을 삼가며, 위장 내 헬리코박터균의 감염에 조심해야 한다. 홍삼, 김치, 마늘 감초, 요구르트와 프로바이오틱스 유산균, 오메가-3 지방산이 헬리코박터균을 줄이는 데 효과적이라는 것이 밝혀졌다. 프로바이오틱스 중에서도 락토바실러스 람노서스*Lactobacillus rhamnous*와 락토바실러스 아시두필루스*Lactobacillus acidophilus*가 헬리코박터 파일로리균의 침입을 억제하는 데 더욱 효과적이다. 따라서 위암의 발생 가능성이 높고, 가족력이 있는 사람은 유산균의 섭취에 신경 쓰면서, 조기 발견을 위해 위 내시경 검사를 정기적으로 실행해 되도록 일찍 암을 발견할 수 있도록 해야 한다.

피부암과 유전자

한국에서는 발병률이 다른 암에 비해 상대적으로 낮지만, 세계적으로는 가장 많이 발생하는 암은 피부암이다. 피부암에는 기저 세포 암Basal Cell Carcinoma, 편평 세포 암Squamous Cell Carcinoma 그리고 악성 흑색종Malignant Melanoma이 있다.

피부암의 대표적 원인이 햇빛을 통한 자외선에 노출이라는 점은 많이 알려졌다. 피부색이 하얀 사람들은 자외선에 의한 DNA 보호 기능이 떨어지고 외부 자극에 취약하기 때문에 백인에서 피부암이 많이 발생하는 것이다.

특히 피부암 중에는 사망위험이 높은 악성 흑색종을 주의해야 한다. 악성 흑색종은 멜라닌 색소를 만들어 내는 멜라닌 세포의 악성화로 생기는 피부암으로, 뇌와 척수로 전이돼 사망에 이를 수 있다. 흑색종의 경우 유전적 위험이 20% 정도이고 비유전적 요인이 80% 정도다. 비유전적 요인으로는 검은 사마귀, 흰 피부, 과도한 태양 노출, 높은 고도에서의 생활 등이 연관이 있으며, 흑색종 피부암 환자 중 10% 정도는 가족력이 있다. 유전적 원인이 되는 몇 가지 유전자가 밝혀졌는데 그중 가장 잘 알려진 것은 p16(CDKN2A) 유전자다. 가족성 흑색종 피부암 환자의 40% 정도가 이 유전자에 관련이 있으며 변이가 있을 시 피부암을 일으킬 위험이 가장 큰 유전자다. 뿐만 아니라 이 유전자 변이는 피부암 외에 췌장암의 위험도 함께 증가시킨다.

가족성을 제외하고 일반적인 피부암과 가장 연관성이 많은 위험 유전자는 세포 분화에 관여하는 PIGU 유전자와 멜라노사이트

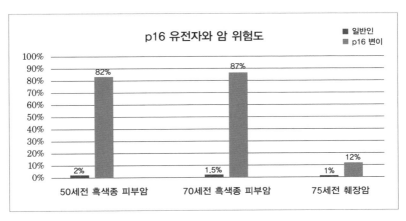

그림 27 유전자 변이와 가족성 흑색종 피부암 위험도. 가족성 피부암 환자에서 가장 많이 발견되는 변이로 췌장암의 위험도도 함께 증가시킨다.

자극 호르몬Melanocyte Stimulating Hormone; MSH 수용체(Receptor)를 만드는 MC1R이라는 유전자다. MC1R에 변이가 있을 경우 이 유전자의 항산화 기능이 저해되고, 피부암 발생률이 높게 나타난다. 한편 PIGU 유전자의 변이는 백인에서만 주로 발견된다.

피부암을 유발하는 하나의 유전자에 변이가 있는 경우 암 발생 위험성은 1.7 배, 2개에 있으면 3배 이상 증가한다. 특히 MC1R 유전자 변이 중 151번째 아미노산을 변화시키는 변이는 흑색종 발생 위험을 크게 증가시키는 것으로 알려져 있다. 이 변이는 동양인이나 흑인에서는 거의 나타나지 않는다. 그러다 보니 한국인을 포함한 동양인과 흑인은 피부암이 흔하지 않다. 만약 피부암의 위험을 높이는 유전자에 변이가 있다면 가능한 한 자외선 차단 지수가 높은 기능성 자외선 차단제를 사용하고 직접적인 햇빛의 노출을 최소화하는 생활 습관을 유지하는 것이 발병 위험을 최소화할 수 있는 방법이다.

피부암의 비유전적 원인으로 가장 중요한 것이 햇빛의 자외선이지만 다른 원인에 의한 표피 손상, 열상, 화학 물질 노출, 방사선 조사, 인유두종 바이러스Human Papilloma Virus; HPV 감염에 의해서도 발병할 수 있다.

피부암은 위험도를 미리 알고 예방을 잘하면 거의 대부분 피해갈 수 있다. 다만 위험도가 높은 사람이라면 피부의 변화에 아주 민감하게 반응해야만 한다. 피부암 중 특히 흑색종의 경우 아주 빠른 속도록 진전이 되기 때문에 피부에 이상한 변화가 있으면 가능한 한 빨리 전문의와 상담해 조치를 취하도록 한다.

참고로 피부암의 위험도가 높은 사람의 경우, 18세 이전에 과도한 자외선에 자주 노출되면 성인이 되었을 때 높은 발암의 위험성을 보인다. 따라서 자녀가 피부암의 위험이 높을 경우 어릴 때부터 자외선 차단제를 사용하고 햇빛 차단의 중요성을 인지시키는 것이 중요하다. 또한 흑색종은 눈에서도 발생할 수 있기 때문에 UV를 차단해주는 선글라스를 외출 시 꼭 착용하는 것 또한 중요하다.

그리고 피부암의 위험 때문에 햇빛에 노출되는 것을 최소화해야 한다면, 태양 광선으로부터 합성되는 비타민 D가 부족하기 쉬우므로 함량이 높은 보조 영양제를 정기적으로 섭취하도록 한다. 비타민 D는 피부암을 비롯한 다양한 암 발생 위험도를 낮춰주므로 특별히 신경 써야 한다.

대장암과 유전자

대장암은 1980년대 이후 한국에서 발병률이 꾸준히 증가하고 있는 암이며, 최근 들어 전체 암 발생의 13%를 차지하고 있다. 암 발생 빈도 3위, 사망률 4위의 암으로, 여자보다 남자에게 더 많이 발생한다. 일반인은 발병 위험률이 5% 정도다. 일반적으로 비유전적 요인이 65% 이상이고 유전적 요인은 약 35%다.

대장암의 발병 원인 역시 환경적 요인과 유전적 요인으로 나눠 볼 수 있다. 환경적 요인 중에서는 식이요법 및 생활 습관이 가장 중요한 역할을 하는 것으로 알려져 있다. 특히 대장암과 직장암은 동물성 지방질과 고기를 많이 먹는 서양이나 유럽에 사는 민족에게 많이 발생하며 한국을 비롯한 아시아 국가에서는 발생률이 낮았으나,

근래에는 식생활이 서구화됨에 따라 다른 암들과 비교해 가장 빠른 속도로 발생률이 증가하는 추세다. 2015년 한국의 대장암 발병률이 10만 명당 45명으로 아주 높게 발표되어 한국의 식단이나 생활 습관이 더 이상 대장암을 막는 것과 관련이 없다는 것을 보여줬다.

대장암은 초기에만 발견하면 높은 치료 성공률을 보인다. 대장암의 조기 발견을 위해 50세 이후에는 주기적으로 대장 내시경을 할 것을 권하지만 검사의 불편함과 비용 등으로 그 검사율은 그리 높지 않은 것으로 알려져 있다.

일부 대장암은 유전적 요인이 큰 것으로 알려져 있다. 가족성 선종 용종증Familial Adenomatous Polyposis; FAP과 린치증후군Lynch Syndrome이 가족성 유전성 대장암과 관련 있는 대표적인 질환이다. 가족성 선종 용종증을 유발하는 유전자는 APC와 MUTHY 유전자 변

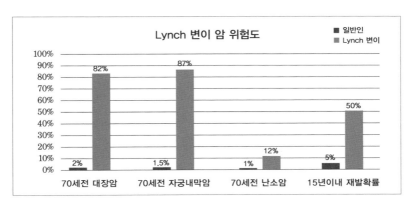

그림 28 가족성 대장암으로 잘 알려진 린치 증후군. 린치 증후군 관련 유전자에 변이가 있는 사람은 대장암이나 자궁내막암의 위험도가 크게 증가한다. 특히 대장암의 가족성 선종 성 용종증 환자에서 많이 발견된다.

이가 관여한다. 린치증 유발 유전자로는 EPCAM, MLH1, MLH2, MSH6, 그리고 PMS2가 알려져 있다.

일반인의 대장암 위험도와 연관 있는 것으로 알려진 CASC8 유전자의 경우 아래의 표와 같이 다른 유전형이 위험을 증가시키는 것으로 알려져 있다.

대장암의 위험을 낮추기 위해서는 생활 습관 개선과 식단 변화가 가장 효과적이다. 소고기와 같은 붉은색 육류와 가공 육류의 소비를 최대한 줄여야 한다. 최근 연구에서 NAT1과 NAT2 유전자에 변이가 있을 경우, 육류 요리에서 나오는 해로운 물질들이 몸에서 제대로 분해되지 못하고 세포에 피해를 준다는 것이 알려졌다. 그러므로 대장암 발병의 위험이 높다면 소고기와 같은 붉은 육류나 가공 육류는 가능한 한 먹지 말아야 한다.

그리고 운동은 모든 암의 위험을 줄여주지만 특히 대장암은 최대 50%까지 감소시킨다. 비만은 대장암을 포함한 많은 암의 위험을 높이므로 적당한 운동과 식단 조절로 항상 적정 몸무게를 유지하도록 최대한 신경 써야 한다.

CASC8 유전자(rs6983267)			
유전형	N/N	N/R	R/R
결과 분포	27%	50%	23%
유전적 위험	낮음 (위험도=0.7)	일반 (위험도=1)	높음 (위험도 1.3)

CASC8 유전자와 대장암 위험도 관계. 50% 정도의 일반인을 표준 위험도로 보았을 때, 27% 정도는 대장암 확률이 낮고 약 23%는 위험도가 높다.

낮은 양의 아스피린을 정기적으로 복용하면 대장암의 위험을 줄일 수 있다. 동양인이 서양인과 흑인에 비해 더 효과가 좋다. 하지만 위출혈과 위궤양 등 다른 합병증을 일으킬 가능성이 있으므로 먼저 유전자 CYP2C9 검사를 통해 아스피린 부작용의 위험을 파악할 필요가 있다. CASC8 유전자에 변이가 있는 사람은 아스피린의 정기적인 복용이 대장암의 위험도를 낮추는 데 특별한 도움이 되지 않는다.

비타민 D의 섭취를 높이고 혈중 비타민 D 레벨을 높이는 것도 대장암 예방에 도움이 된다. 이 외에 와인과 커피를 적당히 마시는 것도 대장암의 위험을 상당히 낮춰준다.

아울러 정기적인 대장 내시경 검사는 조기 발견을 유도하고 치료의 효과를 극대화할 수 있다. 요즘은 대장 내시경을 하지 않고 CATComputed Axial Tomography 스캔 컴퓨터 단층 촬영으로 간접 검사를 하는 경우도 많다. 하지만 유전적으로 대장암의 위험이 있는 사람은 가능한 한 방사선을 사용하는 CAT 스캔을 자제해 방사선에 의한 유전자 피해를 최소화해야 한다.

또 최근에는 비침습 변 검사를 이용한 콜로가드Cologuard라는 대장암 스크리닝 검사를 이그젝트 사이언스Exact Science사가 개발해 미국FDA 승인을 받아 상용화했다. 간단히 가정에서 변 검사 키트에 샘플을 채취해 실험실에 보내면 조기 대장암을 검출하는 선별 검사 방법이다. 이 검사는 헤모글로빈 바이오 마커, 유전자 메틸레이션 바이오 마커(NDRG, BMP3), DNA 변이 마커, KRAS 유전자의 변이를 함께 측정해 암 발병을 검사하게 된다. 특히 KRAS DNA 변이는 50% 이상의 대장암 환자에서 검출되는 변이로 최근 이를 통해 조기 진단을 할 뿐 아니라 변이가 있는 환자에게 차별화된 표적 치료 방법까지 다양하게 사용되기 시작했다.

상대적 위험	최소 위험	최대 위험
유전적 요인	1	1.6
가족력	1	4
흡연	1	1.2
음주	1	1.4
음식	1	2
당뇨병	1	1.4
염증성 장 질환	1	2.7
운동	0.71	1
조기 검사	0.27	1

대장암의 유전적 요인과 비유전적 요인의 위험도. 암은 유전적 요인과 비유전적 요인의 상대적인 위험과 보호 정도를 파악해 효과적으로 예방을 할 수 있다.

신장암과 유전자

신장암Kidney Cancer, Renal Carcinoma은 한국의 전체 암 중 2% 정도로 그리 흔치 않은 암이다. 주로 남성에게 많이 발병하며 그중에서도 흑인의 발병률이 높다. 발생하는 위치에 따라 신실질에서 발생하는 종양과 신우에서 발생하는 신우암으로 구분하며, 신실질의 종양은 다시 신장 자체에서 발생한 원발성 종양과 다른 장기에서 발생해서 전이한 신전이 종양으로 나눈다.

신장에서 발생한 종양은 대부분 원발성 종양으로 주로 악성 종양인 신세포 암이다. 신장암은 유전적 요인이 10% 내외이고, 환경적인 요인과 생활 습관에 의한 비유전적 요인은 90% 이상이다. 주로 가족력이 있거나 비만 혹은 고혈압인 사람, 작업 환경에서 수은

이나 카드뮴Cadmium에 노출되었거나 일부 한약을 섭취했을 경우 발생한다.

가족성 신장 암에서는 FHFumarate Hydratase 유전자가 알려져 있다. 그리고 일반인의 경우 LOC102724265 유전자 변이가 신장암의 위험도를 높이는 요인으로 보고되었다.

신장암의 위험을 높이는 주요 원인은 흡연이다. 비만 또한 위험을 크게 증가시킨다. 신장암을 예방하려면 가능한 한 금연을 하고 규칙적인 운동으로 체중을 관리해 그 위험을 낮춰야 한다. 동물성 지방 위주의 식단을 멀리하고 고칼로리 음식의 섭취를 줄이면 신장암의 발생 위험도를 상당히 낮출 수 있다. 과일 및 채소의 섭취도 위험도를 많이 감소시킨다. 특히 고혈압 관리는 신장암 예방에 필수적이다. 신장 암은 대부분 초기에 자각 증상이 없기 때문에 건강 검진을 통한 주기적인 복부 초음파 검사를 적극 권장한다.

LOC102724265 유전자(rs7105934)			
유전형	N/N	N/R	R/R
결과 분포	12%	21%	67%
유전적 위험	아주 낮음(위험도=0.5)	낮음(위험도=0.7)	일반(위험도 1)

신장암 위험도 예측 유전자. 해당 유전자에서 한 가지 변이가 있는 유전형 사람은 일반인보다 21% 정도로 위험이 낮고, 둘 다 변이가 있는 유전형의 경우 12%는 그 위험도가 절반 정도인 것으로 알려졌다.

췌장암과 유전자

췌장암은 초기에 증상이 잘 나타나지 않고 마땅한 선별 검사도 어렵기 때문에 조기 발견하기 쉽지 않다. 보통 발병 후 4개월에서 8개월밖에 살지 못하는 경우가 대부분으로 국내 10대 암 중 가장 예후가 좋지 않다. 수술에 성공해도 5년 이상 생존율이 10% 정도로 낮은 편이다. 하지만 그 발병률이 매년 올라가고 있고 최근 들어 급격히 증가했다.

췌장암은 유전적 요인이 36%, 비유전적 요인이 64% 정도로 알려져 있다. 가족력 이외의 발병 요인으로는 성별과 인종에 따른 발병률 차이가 있는데, 여성보다 남성에서 췌장암이 더 많이 발견되며, 흑인의 발병률이 백인보다 높다. 비만이나 흡연, 과음을 하는 사람에게 많이 나타나며, 당뇨병 환자인 경우 췌장암의 위험이 훨씬 높다.

췌장암의 유전적 요인에 관여하는 유전자는 NR5A2, CLPT-M1L, KLF5를 꼽을 수 있다. 이 세 가지 유전자에서 발견되는 변이를 합친 위험도를 함께 계산해 보았을 때 일반적으로 12% 정도의 사람에게 췌장암의 낮은 확률을 보이고, 80% 정도가 평균 위험률, 8% 정도에서 높은 위험률을 보인다. BRCA2와 CDKN2A(p16), STK11 변이는 빈도가 낮지만 특히 가족성 췌장암의 위험을 높이는 것으로 알려져 있다.

췌장암의 예방을 위해서는 고지방식이나 고칼로리식, 육식 위주의 식습관을 개선하고 흡연, 음주를 멀리하며 베타 나프틸아민Beta-Naphythylamine과 벤지딘Benzidine 등의 화학 물질에 대한 노출을 피해야 한다. 그리고 만성 췌장염의 적극적인 치료도 중요하다. 만성 췌장염 등으로 췌장암의 위험이 높은 사람은 조기 진단을 위해 정기적인 복부 CT 검사를 권한다.

전립선암과 유전자

전립선암은 유전적 요인이 42% 정도이고, 비유전적 요인이 58% 정도로 예측된다. 이 중 가장 문제가 되는 비유전적 위험 인자는 나이다. 전립선암은 40세 이전에서는 아주 드물게 발생하지만 55세 이후에는 나이에 비례해서 그 숫자가 증가한다.

　한국의 경우 지난 20년 동안 전립선암의 발생률이 20배 이상 증가해 전체 암 발생의 4%를 차지한다. 이는 서구식 식습관으로 인한 것으로 보인다. 육류에 들어 있는 동물성 지방은 테스토스테론 Testosterone과 같은 남성 성호르몬의 분비를 증가시켜 전립선암을 일으키는 것으로 알려져 있다. 우유, 치즈 등 유제품 섭취 역시 전립선암의 위험을 높이는 것으로 확인되었다. 이 외에도 스트레스, 당뇨,

비만, 흡연은 체내의 활성 산소를 늘려 암세포가 쉽게 발생하게 만든다.

전립선암의 선별 검사로는 전립선 특이 항원 검사인 PSA_{Prostate Specific Antigen}와 PSMA_{Prostate Specific Membrane Antigen} 검사가 대표적이다. 전립선암의 유전적 요인 중 SNP rs16901979은 염색체 8q24 영역에서 발견되었는데 위험 유전형인 A유전형이 C유전형에 비해 위험성이 1.5배 이상 높다. A위험 유전형은 흑인에게 가장 많이 나타나고, 그다음은 아시아인이며 백인에게는 별로 많지 않다. 전립선암이 백인에 비해 흑인이나 아시아인에게 많이 발생하는 것도 이러한 유전적 위험성과 상관관계가 있을 것이다. 이 외에도 유방암 위험도를 높이는 BRCA1과 BRCA2, 그리고 HOXB13 유전자의 변이도 전립선암의 위험을 함께 증가시키는 것으로 알려져 있다.

전립선암의 예방을 위해 다양한 채소를 꾸준히 섭취해야 한다. 그중에서도 특히 토마토, 마늘, 녹차, 콩, 카레가 좋다. 토마토의 경우, 붉은색을 띠게 하는 파이토케미컬_{Phytochemical} 성분인 라이코펜_{Lycopene}이 강력한 항산화 성분으로 전립선암을 비롯한 호르몬 관련 암을 예방하는 데 큰 도움이 된다. 라이코펜은 지용성으로 체내 흡수가 잘 안 되기 때문에 조리할 때 올리브유 등과 같은 식용유를 쓰면 흡수율이 높아진다. 마늘의 경우 매운맛을 내는 알리신_{Allicin} 성분이 전립선 세포의 돌연변이를 막고 암세포 크기를 줄여 전립선암 예방 효과를 낼 수 있다고 알려져 있다. 녹차는 떫은맛을 내는 카테

킨Catechin 성분이 신생 혈관의 생성을 차단해 암의 증식을 줄인다. 또한 콩(대두)에 포함된 이소플라본Isoflavone은 장내 세균의 상호 작용을 촉진해 전립선암과 대장암의 발생 위험을 낮춘다.

인도는 전립선암의 발생률이 가장 낮은 것으로 알려져 있다. 그 이유는 카레의 잦은 섭취가 원인이라고 생각되고 있다. 카레의 커큐민Curcumin 성분이 전립선암을 막아주는 효과를 타나낸다.

약물로는 전립선 비대증 치료제 두타스테리드Dutasteride와 프로페시아Propecia가 전립선암 예방 효과가 있는 것으로 밝혀졌다. 이 약은 체내에서 남성 호르몬이 DHTDihydrotestosterone로 변하는 것을 막아 전립선 조직이 커지지 않도록 도와준다. 전립선암의 발병 위험이 높고 가족력이 있다면 이러한 약으로 선제적 약물 치료를 고려해볼 만하다. 전립선 비대증 치료약은 남성의 탈모 치료제로도 사용하기 때문에 탈모 증상이 있다면 탈모와 전립선암 예방이라는 두 마리 토끼를 한 번에 잡을 수도 있다.

고환암과 유전자

고환암은 악성 종양의 1% 이내로 비교적 드문 암이지만 40세 미만에 주로 발병한다. 한국의 경우 매년 8000명 정도가 새 환자로 보고되고 있고, 이 중 400여 명이 사망하는 것으로 알려져 있다.

고환암은 유전적 요인이 25% 정도, 비유전적 요인이 75% 안팎이다. 특히 20~35세에 많이 발생하며, 백인이 특히 위험도가 높다. 가족력이 있으면 그 위험성은 더욱 커진다.

잠복 고환증(고환이 내려가지 않고 안으로 들어가는 현상)과 탈장이 위험도를 높이고 주로 키가 180cm 이상인 사람에게 많이 발생한다. 어린 나이에 고환 위축이 올 수 있는 화학 물질에 노출되거나, 볼거리Mumps 바이러스에 감염된 경우 발병 위험이 상당히 높아진다. 유전적 요인 중 하나로 유전자 KITLG의 변이가 있다.

고환암은 전립선암과 반대로 흑인이나 아시아인보다 백인에게 더 많이 발생하는데, 그 이유 중 하나는 고환암을 일으키는 유전자 KITLG의 변이를 막아주는 보호형인 A형 때문이다. 이것을 흑인이 가장 많이 가지고 있고 동양인이 그 다음인 것이다. 일반적인 G형과 비교했을 때 한 개의 보호형 A형을 가진 경우 고환암 발생의 상대적 위험도는 0.38로 낮아지고, 2개인 AA형에선 위험도가 0.15로 낮아진다.

고환암을 예방하기 위해서는 잠복 고환증의 치료가 중요하다. 잠복 고환증은 아동기에 수술로 잘 교정할 수 있고, 고환암의 위험도 상당히 줄일 수 있다. 또한 생후 15개월에 볼거리에 대한 예방 접종을 하고 4~6세에 추가 접종을 하면 고환암의 발생 위험도가 많이 낮아진다.

고환암은 조기 발견과 조기 치료가 매우 중요하므로 위험성이 높은 사람은 사춘기 이후 고환 자가 진단법을 숙지하고 자가 진단을 생활화하면 큰 도움이 된다.

방광암과 유전자

방광암은 방광 점막에 생기는 암으로 일반인에게 다소 생소할 수 있으나, 한국 남성의 5대 암 중 하나다. 주로 65세 이상 고령층을 중심으로, 그중에서도 흡연 경력이 오래된 남성에서 자주 발생한다. 방광암은 유전적 요인이 가장 낮은 암 중 하나로 7% 정도가 유전적 위험, 약 93%는 비유전적 위험으로 본다. 남성에게 많이 생기고 특히 백인에게 자주 발생한다. 나이가 들수록 위험도가 올라가며 비소 노출이 방광암의 위험을 높인다고 알려져 있다. 또한 당뇨병 치료제인 액토스Actos와 항암제 사이톡산Cytoxan을 복용한 경우 방광암이 많이 나타나는 것이 알려졌다. 장기적으로 방광에 염증이 있거나 가족력이 있는 사람도 위험이 높다.

방광암의 유전적 위험 요인으로는 MYC 유전자에서 변이 rs9642880가 알려져 있다. 변이가 있을 경우 위험도가 1.5배까지 올라간다. 이 위험 유전자는 특히 흑인에게 많이 발생하고 동양인은 상대적으로 낮은 편이다. 이 외에도 FGFR3, RB1, HRAS, TP53, TSC1 유전자의 변이가 방광암의 위험을 높인다.

　　방광암을 예방하기 위해서는 술을 적게 마시고 흡연을 피하는 것이 중요하다. 방향족 아민과 같은 특정한 화학 물질에 노출되지 않도록 한다. 또한 방광암 위험이 높은 사람은 소변 검사나 요세포 검사를 통해 방광암에 대한 선별 검사를 주기적으로 시행할 것을 권한다. 식생활에서도 과일과 채소를 충분히 섭취하고 붉은 고기 및 가공 육류는 되도록 피해야 한다. 비타민 D가 방광암을 예방할 수 있으므로 정기적인 야외 활동으로 얼굴 등의 피부를 햇빛에 노출시켜 생체 합성을 촉진하고, 필요시 비타민 D 보조 영양제를 섭취한다.

갑상선암과 유전자

갑상선암은 갑상선 호르몬을 생산하고 칼슘 농도를 조절하는 기능이 있는 갑상선에 생기는 악성 종양으로 최근 들어 급격히 증가하는 추세다. 한국 통계에 따르면 발생률이 전체 암 중에서 여성은 1위, 남성은 6위를 차지할 정도로 흔한 종양이다.

갑상선암은 치료가 가장 잘 되는 암이다. 또한, 갑상선암은 발병하고도 10년 이상 생존율이 95%를 넘는 것으로 알려져 있다. 갑상선암 중 가장 흔한 종류는 유두 갑상선암Papillary Thyroid Cancer으로, 암세포가 아주 천천히 자라고 젊은 사람에게서도 자주 발견된다. 그리고 수질 갑상선암Medullary Thyroid Cancer은 흔하지는 않지만 가족력이 있는 경우 나타난다. 소낭 갑상선암Follicular Thyroid Cancer

은 갑상선암 중 15% 정도를 차지하고, 50세 이상 여성에게 많이 발생한다. 역형성 갑상선암Anaplastic Thyroid Cancer은 흔하지는 않지만 매우 빨리 자라기 때문에 갑상선암 중 치료하기 가장 어려운 암으로 알려져 있다.

RET 유전자의 변이가 가족성 수질 갑상선암Familial Medullary Thyroid Cancer; FMTC 발생에 25% 정도 관여하는 것으로 밝혀졌다. 이 외에 다른 유전적 요인을 보면, 가족성 선종 폴립증 그리고 코든병Cowden Disease 환자에서 갑상선암이 높게 발생한다. 이런 병을 갖고 있는 환자에게서는 특히 유두 갑상선암과 소낭 갑상선암이 많이 발생한다. 코든병에 연관이 있는 유전자는 PTEN, KLLN, SDHB, SDHD가 알려져 있으며, 이들은 유방암과 갑상선암을 포함한 여러 암의 위험을 증가시킨다.

다시마, 미역, 김 같은 해조류와 어패류에 많이 들어 있는 요오드가 갑상선암의 위험을 줄일 수 있다. 요오드의 섭취가 부족하면 소낭 갑상선암의 위험을 증가시킨다. 이 때문에 미국에서는 식용 소금에 요오드를 포함해서 판매하기도 한다.

갑상선암의 위험을 줄이기 위해서는 양성 갑상선 결절, 갑상선종 혹은 갑상선염과 같은 갑상선 질환을 조심하고 목에 방사선 노출을 최소화해야 한다. 특히 소아 청년기에 두경부에 방사선 검사나 치료를 자주 받으면 갑상선암 발생 확률이 높아지기 때문에 더욱 주의해야 한다. 비만 역시 갑상선 질병의 위험을 높이므로 균형적인 식생활과 규칙적인 운동으로 비만을 관리할 필요가 있다. 유전적 위험이 높거나 가족력이 있는 사람은 갑상선 초음파 검사를 주기적으로 해서 혹시 발병하더라도 초기에 발견할 수 있도록 하는 것이 중요하다.

4장
치매 및 뇌 질환과 유전자

Neuronal Disease and Genes

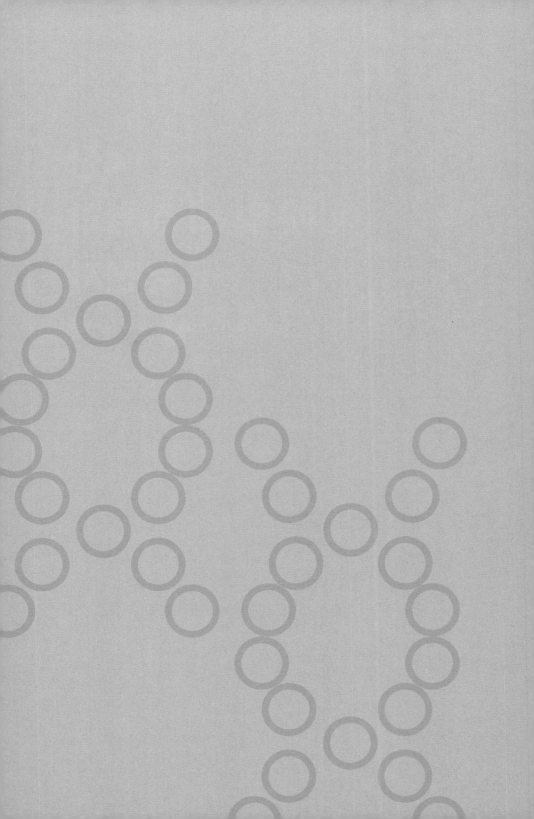

고령화 사회와 치매

치매는 일상생활을 방해할 정도의 심각한 기억력 및 지적 능력의 상실을 가지고 오는 질병이다. 그중 알츠하이머성 치매가 60~80%를 차지한다.

치매란 기억력, 사고력 및 행동상의 문제를 야기하는 뇌 질병으로 정상적인 뇌의 노화나 건망증과는 다르다. 한국의 보건복지부 통계 자료에 따르면 2017년 현재 한국의 65세 이상 노인 인구 중 치매 환자는 72만 5000명으로 추산된다. 노인 10명 중 1명이 치매 환자인 셈이다. 또 치매 환자의 15.5%에 해당하는 11만 2000명은 중증 치매 환자로 구분된다.

보통 치매는 65세 이상에서 많이 발생한다. 평균 수명의 증가로 치매 환자는 빠르게 증가할 수밖에 없다. 최근 통계를 보면 2050년 세계 치매 환자가 1억 명을 넘을 것으로 예측했다. 그중 한국은 세계에서 치매 환자가 가장 빨리 늘어나는 국가가 될 것으로 전망된다. 한국의 인구 고령화가 그만큼 빠르게 진행되고 있다는 의미다. 2050년 한국의 치매 환자는 270만 명에 달해 이에 따른 사회적 비용도 100조 원을 넘을 것으로 예상된다.

기하급수적으로 늘어나는 치매에 대해 한국 정부는 '치매 국가 책임제'라는 정책으로 건강보험 보장을 강화하고, 저소득층의 의료비 부담을 최대한 줄여주는 방안을 마련했다. 하지만 그것만으로 치매로 인한 경제적, 정신적 고통이 모두 해결되는 것은 아니다. 따라서 보다 적극적인 치매의 예방이 필요하다. 특히 치매는 일단 발병하면 현재의 의료 기술로는 치료할 수 있는 방법이 없기 때문에, 발병하게 되더라도 그 시기를 최대한 지연시키고,

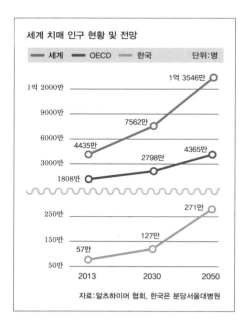

그림 29 세계 치매 인구에 대한 통계. 치매는 인구의 고령화로 인해 가장 가파르게 증가하는 질병 중 하나다. 세계적으로 치매 환자가 2050년에 1억 3000만 명을 넘고 한국은 271만 명에 이를 것으로 예측된다.

치매의 진전을 늦출 필요가 있다. 실제로 꾸준히 예방적인 조치를 취하고, 조기에 치매를 발견해 적절한 조치를 하면 치매 발병 나이를 늦추고 진행을 더디게 한다.

치매 중 가장 흔한 형태인 알츠하이머는 병리학적으로는 뇌의 전반적인 위축, 뇌실의 확장, 신경섬유의 다발성 병변Neurofibrillary Tangle과 초로성 반점Neuritic Plaque 등이 주요 특징이다. 이러한 알츠하이머 치매의 첫 번째 증상은 건망증이고, 그 이후 병이 진행하면서 언어 구사력, 이해력, 읽고 쓰기 능력 등의 장애를 함께 가져온다. 동시에 우울증이나 인격의 황폐, 격한 행동 등의 정신 의학적인 증세도 동반되고 보통 6~8년 후 죽음에 이르게 된다.

대부분의 알츠하이머 치매는 산발적으로 발병Sporadic Disease하며 유전적 요인이 70% 정도, 비유전적 요인이 30% 정도 영향을 미친다. 복합성 질환 중 알츠하이머 치매는 유전적 요인이 상당히 높은 편이다. 알츠하이머 치매의 위험성과 연관이 높다고 알려진 유전자는 APOEAplolipoprotein E, APPAmyloid Precursor Protein, PSEN1Presenilin 1 그리고 PSEN2Presenilin 2 등이다. 특히 그중에서 APOE 유전자에 의한 알츠하이머 치매 연관성이 가장 높고, 이에 대해 그동안 많은 연구가 진행되었다. 하지만 이 질병이 100% 유전자로 인해 발병하지 않는다는 점을 기억해야 한다. 비유전적 요인을 잘 조정하면 위험성을 낮추거나 없앨 수도 있다. 다만, 일부 가족성 알츠하이머 치매는 100% 유전적 요인에 의해 발생하는데, 이는 아주 희귀한 경우다.

APOE 유전자와 알츠하이머 치매

APOE 즉 아폴리포단백질Apolipoprotein E은 지방과 결합해서 혈액에서 콜레스테롤을 제거하는 역할을 하는 지단백질Lipoprotein을 만든다. 따라서 APOE 유전자에 변이가 있으면 콜레스테롤 대사에 영향을 미쳐 치매뿐만 아니라 심장병, 심장마비 또는 뇌출혈 등의 발생 위험성을 함께 증가시킨다. APOE 변이 유전자는 치매 발생 시 혈관 벽에 비정상적인 아밀로이드Amyloid 단백질을 축적시키는 데 주된 역할을 하고, 특정 대립 유전자형이 존재할 경우 혈관 장애를 일으켜 치매 위험도를 높이는 것으로 알려져 있다.

변이 조합에 따라 APOE 단백질은 APOE-2, APOE-3와 APOE-4 총 3가지 형태로 나눈다. 일반인에게 가장 보편적인 형

게놈혁명 : 호모 헌드레드 프로젝트

은 APOE-3형이다. 동양인의 경우 APOE-3형이 82% 정도 차지하고, 보호형인 APOE-2형은 6% 정도 관찰된다. APOE-2형은 APOE-3형보다 낮은 치매의 위험도를 보인다. APOE-4형은 10% 정도의 사람에게 관찰되고, 일반형이나 보호형에 비해 상당히 높은 치매의 위험도를 나타낸다.

하지만 모든 개인은 한 쌍의 유전자를 가지고 있기 때문에 실제로 아래와 같은 6가지의 유전자형으로 나눌 수 있다. 실제로 이 6가지 유전자형에 따라 질병에 대한 위험도가 각각 다른데 APOE-4형을 2개 가진 사람은 전체 1% 내외로, 알츠하이머에 걸릴 위험이 아주 높다.

APOE-4형의 유전자를 하나 가지고 있을 경우 그 위험도

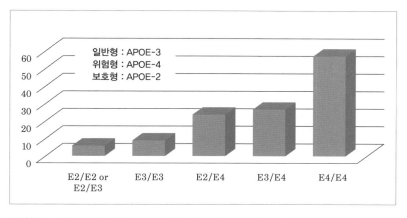

그림 30 APOE 유전자형에 따른 알츠하이머 치매 발병 위험도. APOE 유전자는 APOE-2, APOE-3, APOE-4의 3가지 형이 있으며 각각 다른 위험도를 보인다. 일반형은 E3이고, E2는 보호형, E4는 위험형이다. 그 조합에 따라 6가지 유형이 만들어지며 각기 위험도가 다른데 가장 낮은 형과 높은 형은 위험도 차이가 15배에 달한다.

는 일반형인 APOE-3형에 비해 4배 증가하며, 2개를 가진 경우에는 12~15배 증가하는 것으로 알려져 있다. 결국 APOE-4형이 전체 알츠하이머의 환자의 50% 이상을 차지한다고 볼 수 있다. APOE-4형은 치매의 위험을 높일 뿐 아니라 발병 시기 또한 앞당긴다. APOE-4형이 없는 사람들의 평균 치매 발병 나이가 84세인데 비해 1개를 가지면 75세, 2개인 경우에는 68세 정도에 치매가 발병하는 것으로 알려졌다. 또한 APOE-4형을 가진 사람은 기억력 감퇴가 60세 이전에 발생하는 경우가 많고, 다른 유전자형에 의한 발병보다 더 진행 속도가 빠르다.

참고로 같은 질병 유발 유전자라 하더라도 동양인과 서양인에게 미치는 영향은 다를 수 있다. APOE-4형의 경우 서양인보다 동

APOE	Male(n=431)	Female(n=572)	Combined(n=1,003)
E2	46 (5.3%)	79 (6.9%)	125 (6.2%)
E3	710 (82.4%)	937 (81.9%)	1,647 (82.1%)
E4	106 (12.3%)	128 (11.2%)	234 (11.7%)
E2/E2	1 (0.2%)	8 (1.4%)	8 (0.9%)
E2/E3	28 (6.5%)	47 (8.2%)	75 (7.5%)
E2/E4	16 (3.7%)	16 (2.8%)	32 (3.2%)
E3/E3	302 (70.1%)	392 (68.6%)	695 (69.2%)
E3/E4	78 (18.1%)	106 (18.5%)	184 (18.3%)
E4/E4	6 (1.4%)	3 (0.5%)	9 (0.9%)

그림 31 동양인의 APOE 분포도(Qing Tao et al. Clinical interventions in Aging V9, 2014). 82% 정도의 동양인이 표준형인 APOE-3를 가지고 있고, 6% 정도는 보호형인 APOE-2, 위험형인 APOE-4는 12% 정도다. 가장 위험도가 높은 APOE-4/APOE-4와 가장 낮은 APOE-2/APOE-2는 각각 1% 미만이다.

양인의 치매 걸릴 확률을 더 높이는 것이 밝혀졌다. 흑인이나 히스패닉계 역시 위험도가 동양인보다 낮다.

APOE **단백질**

APOE 단백질은 뇌 속에서 발생하는 해로운 물질들을 분해하는 역할을 하고 뇌의 상처를 치유하거나 항상성을 유지하게 도와준다. 신경망이 서로 원활하게 교신하도록 하는 것도 APOE 단백질이다. 신경망의 교신은 기억력과 학습에 아주 중요한 기능이다. 만약 APOE 유전자가 제대로 기능을 하지 못하면, 뇌 속에 해로운 물질이 많이 쌓여 구조적 안전성을 잃게 되고 신경망 간의 교신이 원활하지 못하게 된다.

　표준형인 APOE-3형의 경우, 정상적인 양의 단백질을 생성하고 온전한 기능을 한다. APOE-2형은 APOE-3형보다 더 많은 양의 단백질을 생성하면서 뇌를 보호하는 역할을 하지만 APOE-4형은 필요한 단백질을 제대로 생성하지 못할 뿐 아니라 그 기능 또한 제대로 수행하지 못한다. APOE-4형의 유전자가 하나라도 있으면 알츠하이머 치매의 위험이 높아지는 것이다. 따라서 부모 양쪽으로부터 받은 2개의 APOE-4형 유전자가 있을 경우 알츠하이머 치매 위험성이 가장 높을 뿐 아니라 조기 발병한다.

　알츠하이머의 위험도가 높은 사람은 가능한 한 어린 나이부터 예방을 위한 조치를 해야 그 위험도를 평생에 걸쳐 최대한 낮출 수 있다. 치매는 대부분 65세 이상에서 발병하지만, 알츠하이머 치매 위험을 크게 높이는 APOE-4형 변이 유전자는 유년기부터 뇌와 혈관에 영향을 미치기 시작한다는 연구 결과가 최근 나왔다. APOE-4형 변이 유전자가 있는 사람은 어렸을 때부터 치매와 연관된 뇌 부위인 기억 중추 해마Hippocampus를 비롯해 결정, 사물 인식을 관장하는 뇌 부위의 용적이 다른 형을 가진 아이들에 비해 상대적으로 작은 것으로 나타났다.

치매의 위험을 줄이기 위한 생활 습관과 검사

심장병 위험을 줄이는 거의 모든 활동은 뇌에도 도움을 주며, 알츠하이머로 대표되는 치매의 위험을 현저히 낮출 수 있다. 그리고 정기적이고 꾸준한 운동은 암과 심혈관계 질환뿐만 아니라 뇌의 건강에도 좋다. 특히 운동은 뇌의 시냅스 가소성Synaptic Plasticity을 높일 뿐 아니라 신경세포의 성장을 촉진해 인지 능력의 보존을 최대한 늘릴 수 있다. 또한 운동은 뇌에 알츠하이머와 관계된 반점Plaque의 형성을 막을 수도 있다.

알츠하이머 위험성이 높은 사람에게 권장하는 식단은 올리브 오일과 채소, 견과류, 생선 및 신선한 과일 그리고 약간의 육류 및 유가공 음식을 포함한 지중해식 식단Mediterranean Diet이다. 고농도의 자연 항산화 성분과 낮은 칼로리, 풍부한 불포화 지방산으로 치매에 도움을 준다. 적당량의 적포도주 또한 심혈관계 질환과 전반적인 치매의 위험을 낮출 수 있다.

하지만 APOE-4형의 경우에는 포도주를 포함한 모든 알코올을 삼가야 한다. 자주 음용할 경우 오히려 해가 된다. 반면에 적당량의 커피는 치매의 위험을 낮출 수 있는데 특히 고위험의 APOE-4형 경우 커피의 예방 효과가 일반형인 사람에 비해 더 크다고 알려졌다.

비타민 B_{12} 역시 치매 및 알츠하이머의 예방에 도움을 준다. 비타민 B_{12}의 혈중 농도가 높은 사람은 기억력과 집중력이 좋다고 보고되었고, APOE-4형 유전자가 있는 사람들에게 특히 도움이 된다는 사실도 발견되었다. 예를 들어 APOE-4형 유전자를 가지고 있으면서 혈중 비타민 B_{12} 수치가 낮은 사람은 기억력 검사 결과가 좋지 않았지만, 같은 유전자 변이가 있으면서 비타민 B_{12} 수치가 높은 사람은 기억력 검사 결과가 좋다는 연구 보고가 있다.

알츠하이머 및 치매를 예방하기 위해 가장 중요한 생활 습관은 어려서부터 뇌의 인지 능력을 향상해 최대한 증가시키는 것이다. 뇌는 기억과 학습한 것을 보관하는 하나의 저장고와 같다. 우리의 뇌는 뉴런Neuron이라고 하는 신경세포로 가득 채워져 있는데 이 신경세포가 죽거나 제대로 기능하지 못할 때 알츠하이머 및 치매가 발생한다. 즉, 신경세포가 어느 수준 이하로 내려갔을 때 병의 증상이 나타나는 것이다. 따라서 알츠하이머의 발병 위험이 높은 APOE-4형의 유전자를 가지고 있다면 젊었을 때부터 신경세포를 비축해놓아 일부를 잃어버려도 문제가 없도록 하는 것이 좋다.

신경세포를 많이 비축하고, 인지 저장 능력을 극대화하는 가장 좋은 방법은 지속적인 교육과 훈련이다. 많은 연구 보고에서 교육 수준과 치매의 발병이 역상관 관계에 있는 것으로 밝혀졌다. 대학 교육을 받은 사람은 고등학교 교육을 받은 사람에 비해 15% 정도 낮은 치매 발병률을 보이며, 대학원 교육을 받은 사람은 35% 정도 낮다.

물론 높은 교육 수준이 꼭 학력을 말하는 것은 아니다. 대학이나 대학원에 진학하지 않는다 해도 어학이나 독서 등을 꾸준히 하면 치매의 발병을 낮추는 데 많은 도움이 된다. 다양한 사회활동에 참가하는 것도 인지 능력을 향상하는 데 큰 도움을 줄 수 있다. 혼자 살거나 외로움을 많이 느끼면 치매의 발병 시기가 훨씬 빨라진다는 것도 알려져 있다. 최근 연구에 따르면 꼭 혼인 관계는 아니더라도 가깝고 친밀한 관계를 맺고 이를 지속한 사람의 치매 발생률이 그렇지 않은 사람과 비교했을 때 60% 정도 낮은 것으로 나타났다. 이에 반해 독신 남녀는 40% 정도 더 높게 나타났다. 외로움이나 우울증을 느끼는 사람 또한 치매 위험을 44% 이상 높다. 이 때문에 적당한 사회활동과 원활한 가족생활 및 인간관계가 치매의 위험을 줄이고 발병을 늦추는 데 가장 중요한 요소 중 하나로 꼽힌다.

뇌의 충격을 최소화하는 것도 알츠하이머 치매의 발병을 늦추는 방법이다. APOE-4형의 경우 뇌의 충격Head Trauma을 최소화하는 것이 발병의 위험성을 낮추는 데 크게 도움이 된다. APOE-4형은 뇌 속의 신경세포 저장고에 금이 간 항아리 같다고 보는 것이 좋다. 작은 충격에도 깨지거나 그 틈이 더욱 커질 수 있고, 이로 인해 신경세포에 쌓아놓은 인지 능력을 빨리 잃어버릴 수 있다. 따라서 치매 위험성 유전 인자를 가지고 태어났다면 어려서부터 뇌의 충격을 최소화하기 위한 다양한 노력을 해야 한다. 신체적 접촉이 많은 운동은 가능한 한 피하고, 자전거 등의 야외 운동을 할 때는 보호 헬멧을 꼭 착용해 혹시라도 발생할지 모르는 뇌의 충격을 막는 것을 생활 습관으로 익히는 것이 좋다.

치아 건강이 치매와 연관 있다는 연구 결과도 나왔다. 음식을 씹을 때마다 뇌로 가는 혈류량이 많아져 뇌의 활동을 돕는데, 치아가 적으면 그 양이 떨어져 기억력 감퇴나 치매에 이르기 쉽다는 것이다. 추적 조사를 시행한 결과, 치아가 많이 빠진 사람은 정상인보다 기억력이 훨씬 떨어지는 것으로 나타났다. 일본 규슈대학교 연구팀은 치아가 1~9개 남은 노인은 20개 이상 남은 노인보다 치매 발생 비율이 무려 81%나 높다는 연구 결과를 발표했다. 이것을 볼 때 치매의 예방을 위해서는 치아를 건강히 보존하고 즐거운 마음으로 음식을 잘 씹어 먹는 습관을 가질 필요가 있다. 또한 요가나 명상을 통한 스트레스의 감소도 치매 예방에 큰 도움이 된다.

그리고 알츠하이머 치매의 위험성이 높은 사람은 주기적으로 인지 능력 검사를 받는 것이 필요하다. 만약 인지 능력의 저하가 감지되었다면 PET 영상 스캔을 통해서 증상이 발생하기 전 뇌의 상태를 미리 파악하는 것도 예방과 치료에 도움이 된다.

유전자 정보에 기반을 둔 선제 약물 요법

알츠하이머의 위험을 낮춰주는 예방약으로는 콜레스테롤을 떨어뜨리는 스타틴Statin과 아스피린, 이부프로펜과 같은 비스테로이드 항염증 치료제Non-Steroidal Anti-Inflammatory Drugs; NSAIDs가 있다. 낮은 용량의 아스피린과 같은 항염증 치료제를 2년 이상 꾸준히 복용하면 알츠하이머의 위험을 많이 낮출 수 있다는 것이 여러 번의 연구에서 밝혀졌다. 특히 APOE-4형을 가진 환자는 60%까지 위험을 줄일 수 있다고 한다.

하지만 장기적인 복용은 일부 환자에게 위궤양과 위출혈을 일으킬 수 있기 때문에 조심해야 한다. 유전자 CYP2C9의 변이가 있는 사람의 경우, 이러한 합병증을 가져올 확률이 일반인들에 비해 훨씬 높다. 따라서 특히 아스피린이나 이부프로펜 같은 비스테로이드성 항염증 약물NSAIDs을 복용하는 경우 주의해야 한다.

고지혈증 환자에게 처방하는 스타틴은 알츠하이머 환자의 뇌에서 생기는 반점Plaque의 형성을 완화하는 것으로 알려져 있다. 스타틴은 알츠하이머와 관계있는 병변Tangle을 줄이고 관련 염증도 완화할 수 있다고 한다. 하지만 모든 스타틴이 효력이 있는 것은 아니다. 심바스타틴Simvastatin이나 로바스타틴Lovastatin이 치매 예방에 효력이 있다. 단, SLCO1B1 유전자에 변이가 있는 경우, 심바스타틴을 사용하면 위험한 근육 질환Myopathy을 일으킬 수 있기 때문에 약물 유전자 검사를 통해 자신에게 가장 도움이 될 수 있는 스타틴을 선정해서 복용하는 것이 좋다. 치매의 위험이 높은 사람이 예방 차원에서 스타틴과 비스테로이드성 항염증 치료제를 복용하려면 40대부터 시작하는 것이 도움이 된다.

치매의 예방과 치료에 도움이 되는 건강보조식품으로 잘 알려진 것은 오메가-3 지방산Omega-3 Fatty Acids이 있다. 오메가-3는 불포화 지방산인 DHA와 EPA로 뇌의 세포막에서 다량 발견되었으며, 세포의 정상적인 기능에 중요한 역할을 하는 것으로 알려져 있다. 대부분 생선에 함유되어 이를 정기적으로 먹는 사람의 경우, 알츠하이머 치매의 위험을 40% 정도 낮출 수 있는 것으로 보고되었다. 하지만 최근 연구에서는 APOE-4형을 가진 환자에게는 오메가-3의 영양 보조제 섭취는 도움이 되지 않을 뿐 아니라 많은 양을 섭취할 경우 오히려 산화에 의한 해Oxidative Damage를 줄 수도 있다고 알려졌다. 그러므로 치매의 위험을 줄이기 위해 오메가-3 지방을 복용하기 전에 나의 APOE 형을 확인하는 것이 중요하다.

최근 연구 결과에 따르면 카레에 많이 들어 있는 커큐민 성분이 알츠하이머 치매 환자의 타우Tau 단백질 형성에 관여해 아밀로이드 베타 단백질 형성을 감소시킴으로써 병의 위험도를 상당히 줄일 수 있다고 한다. 특히 APOE-4형을 가진 환자에게 효과적이며, 동물실험에서 커큐민의 꾸준한 섭취가 기억력의 일부를 회복시키는 결과를 얻기도 했다.

유전자에 기반을 둔 알츠하이머의 치료

알츠하이머 치매는 낫게 할 수는 없는 질병이지만, 적어도 약물 치료 등을 통해 진전을 완화시키고 증상을 개선할 수는 있다. 가장 잘 알려진 약물 치료제는 콜린에스테라아제 저해제Cholinesterase Inhibitors 인 도네페질Donepezil이다. 하지만 이 약의 효력은 개인적으로 큰 차이가 있어 대략 50%의 환자에게만 약효가 있으며, CYP2D6 유전자의 변이에 의해 그 약효가 달라진다. 이 유전자의 변이는 약의 효능뿐만 아니라 약에 의한 부작용에도 크게 작용하는 것으로 알려져 있다. 때문에 약물 유전체 검사를 통해 개인의 유전형에 가장 적합한 치매 치료제를 선택하는 것이 중요하다.

참고로 최근 미국 샌디에이고 캘리포니아대 데시칸 교수 연구팀은 알츠하이머 치매 환자 7만 명의 유전자를 분석하여, 알츠하이머 치매 환자에게 나타나는 31개의 유전자 변이를 가지고 환자 통계와 조합에 의해 알츠하이머 치매가 언제 발생하는지 예측하는 프로그램을 개발했다. 이 연구 결과는 알츠하이머 치매의 예방, 진단, 예

알츠하이머 치매 예방 조치(일반인)
1. 인지 능력 향상 노력
2. 정기적인 운동
3. 적당한 와인 마시기
4. 오메가-3 영양제 복용
5. 스트레스 감소
유전자 맞춤 알츠하이머 치매 예방 조치(APOE-4형 보인자)
1. 어려서부터 머리의 충격을 최소화(특히 육체적 접촉이 심한 운동은 피한다)
2. 지속적인 교육과 훈련
3. 요가와 명상
4. 45세 이후 정기적인 뇌 PET 영상 스캔
5. 지중해식 식단과 꾸준한 커피 마시기
6. 금주와 금연
7. 독신 피하기(친밀한 관계 유지)
8. 비타민 E와 오메가-3 영양 보조제 피하기
9. 카레 커큐민 섭취
10. 비타민 B_{12} 복용
11. 콜레스테롤 낮추기
12. 비만 관리
13. 치아 관리(씹는 음식 즐기기)
14. 혈압, 당뇨 수치 정상 유지하기
15. 정기적인 인지 검사
16. 예방을 위해 고지혈증(Statin) 약과 항응고제(NSAID) 약 복용

후, 임상 시험 설계 등에 매우 유용해 개인에 맞춘 치매 예방과 치료
프로그램을 만드는 데 도움이 될 것으로 기대된다.

파킨슨병과 유전자

파킨슨병의 대략 15% 정도는 가족력이 있는 경우에 발생하지만 그 외 대부분의 경우 질병의 발병을 예측하기 어렵다. 80대 이상에서 3~4% 비율로 발병하며, 치매 다음으로 많이 앓는 뇌신경 장애 질환이다. 한국의 파킨슨병 환자 수는 2015년 9만여 명으로 5년 동안 40% 이상 증가했다. 고령 인구가 급증하면서 치매와 파킨슨병과 같은 신경 질환성 환자가 계속 늘고 있는 것이다.

파킨슨병은 중뇌에 존재하는 흑질Substantia Nigra이라는 부분에 신경 전달 물질인 도파민이 제대로 분비되지 않아 발생하는 퇴행성 뇌 질환이다. 파킨슨병이 발병하면 떨림증, 근육 경직, 느린 동작, 자세 불균형 증상이 나타난다. 주요 원인은 뇌의 도파민 부족이지만 발병 후 바로 증상이 나타나는 것은 아니다. 뇌의 도파민 농도가 80% 이상 감소해야 비로소 증상이 나타나기 때문에 조기 진단이 어려운 질환 중 하나다.

파킨슨병 환자는 움직임 장애로 인해 우울증이나 인지 기능의 감소가 유발되기도 한다. 파킨슨병을 치료하기 위해서는 부족해진 도파민을 인위적으로 보충해야 하지만 이러한 약물 치료는 부작용이 많아 환자의 증상과 상황에 맞게 처방하는 것이 중요하다.

파킨슨 발병의 유전적 요인은 두 가지가 있다. 가족성 파킨슨 유전자Familial Parkinson's Disease와 일반적인 질병 연관성 위험 유전자Parkinson's Susceptibility Genes다. 10여 개의 가족성 파킨슨 유전자와 다수의 연관성 유전자가 파킨슨병의 위험 요소 유전자인데, 가족성 파킨슨 유전자에 비해 일반적인 질병 연관성 위험 유전자는 위험도의 증가가 그렇게 높지 않다.

파킨슨병 발병에 영향을 끼치는 유전자 변이로는 LRRK2, PARK7, PINK1, PRKN, TMEM230, 그리고 SNCA 등이 알려져 있다. 유전자에 이런 변이가 있다 하더라도 위험성을 증가시키기는 하지만 꼭 파킨슨병을 일으키는 것은 아니다. LRRK2, SNCA와 VPS35 유전자의 경우 체세포의 우성 유전자형으로 발현하고, PARK2, PARK7, PINK1, ATP13A2, FOX07, SLC6A3 유전자는 열성 유전자형으로 질병에 위험을 준다.

가장 잘 알려진 유전자는 SNCA 알파 시누클레인Alpha-Synuclein

으로 가족성 파킨슨 유전자뿐만 아니라 질병 연관성 위험 유전자로도 작용한다. 특히 이 유전자의 변이인 rs356219 위험 유전형인 G형은 동양인이나 흑인에서 백인에 비해 훨씬 많이 발견된다. G형이 1개 있을 경우 질병 위험성은 1.3배, 2개면 1.6배로 증가한다.

약물 유전자인 CYP2D6에 변이가 있으면서, 어떤 특정 농약에 노출된 사람은 파킨슨의 위험도가 최대 8배까지 증가하는 것으로 알려져 있으며, 도파민 수송체를 만드는 SLC6A3 유전자에 변이가 있는 사람은 농약에 노출 시 6배 이상 위험성이 증가된다고 보고되었다.

뇌혈관 질환과 유전자

뇌혈관 질환은 오랫동안 한국인 주요 사망 원인 2위였지만, 최근 심장 질환의 증가로 순위가 내려갔다. 2016년 기준으로 전체의 약 8.3%를 차지해 3위를 기록했다.

　　뇌혈관 질환이란 뇌에 혈액을 공급하고 있는 혈관이 막히거나 터지는 바람에 그 부분의 뇌가 손상되어 발생하는 신경학적 증상이다. 손상된 부분의 뇌는 기능을 잃어 뇌졸중의 증상으로 나타난다. 뇌의 활동은 뇌동맥을 통해 흐르고 있는 혈액을 통해 산소와 영양소를 공급받아 이뤄지는데 뇌 조직에 충분한 양의 산소가 공급되지 못하면 해당 부분의 뇌 활동이 정지되고 시간이 지나면 그 부위가 손상된다.

뇌졸중과 유전자

뇌혈관 질환 중 가장 흔한 것이 뇌졸중Stroke으로 전체 뇌혈관 질환의 70% 이상을 차지하며, 계속 증가하는 추세다. 반면 뇌출혈은 20% 미만으로 점점 줄어들고 있다.

많은 나라에서 뇌졸중은 중요한 사망 원인 중 하나다. 게다가 장기적으로 심각한 장애를 초래할 수 있기 때문에 큰 사회적 문제로 대두되고 있다. 뇌졸중은 크게 분류하면 뇌출혈Cerebral Hemorrhage과 뇌경색Cerebral Infarction이 있다. 뇌경색은 뇌혈관이 막히는 것으로, 영양분과 산소를 공급하는 피가 뇌에 통하지 않아 뇌 조직이 괴사하는 병이다. 주원인은 혈전이다. 혈전은 동맥경화증에 의해 병든 혈관에서 주로 생기는데 보통 처음 형성된 부위에서 떨어져 나와서 말단부 뇌혈관을 막기 때문에 뇌 손상을 유발하게 된다.

반면에 뇌출혈은 뇌혈관이 터져서 뇌 속에 혈액이 넘쳐흐르는 상태를 말한다. 75% 이상이 고혈압이 원인으로. 뇌혈관의 약한 부분이 터져서 발생한 것이다. 당뇨가 있거나 고지혈증이 있는 환자에게 흔히 발생하는데 터진 혈관이 있던 부위의 뇌가 괴사해 지속적인 증상이 남게 된다.

뇌졸중의 유전적 요인에는 다양한 유전자가 관여하는 것으로 알려져 있다. 그중에서도 APOE 유전자에 변이가 있으면 콜레스테롤 대사에 영향을 미쳐 치매뿐만 아니라 심장병, 심장마비, 뇌졸중 등의 위험성을 크게 증가시킨다.

양쪽 부모로부터 물려받은 두 가지 변이 유전자의 위치에 따라 APOE 단백질은 APOE-2형, APOE-3형, APOE-4형 총 3가지 종류로 나누는데, APOE-4형의 유전자가 뇌졸중의 위험성을 가장 증가시키는 것으로 알려졌다. 관상동맥 질환CAD의 위험을 높이는 것으로 알려진 9p21 염색체 부위의 변이 또한 뇌졸중의 위험까지 더하는 것으로 밝혀졌다.

부정맥과 관련 있는 유전자 변이 또한 뇌졸중에 영향을 미친다. 뇌졸중의 큰 원인 중 하나가 심방세동Atrial Fibrillation이라 하는 부정맥이기도 하다. 기존에 알려진 PITX2, PRRX1, NEURL, TBX1M, ZFHX3 유전자 이외에도 PPFIA4와 HAND2가 심방세동 발병과 연관이 있는 것으로 확인되었다. 특히 심방세동은 한국인의 1.6% 정도가 겪는 것으로, 허혈성 뇌졸중의 15~25%를 차지할 뿐 아니라 심방세동 환자의 70% 이상은 질병 자체를 모르고 있어 더욱 주의가 필요하다.

심방세동은 뇌출혈과도 관련이 있는데 뇌출혈은 대부분 콜레스테롤이나 혈압의 위험성과 큰 상관관계를 가지고 있다. 뇌혈관에 콜레스테롤이 축적되어 발생하는 경우가 많으며 혈관이 약해져 뇌속에서 터져 발생하는 경우도 있다.

뇌동맥류와 유전자

뇌동맥류는 뇌의 혈관에 생기는 질환의 일종이다. 선천적 또는 후천적으로 약한 혈관 벽의 한 부분에 혈류가 계속 부딪혀 혈관이 풍선처럼 부풀어 오른 상태를 말한다. 뇌동맥류 자체는 유전 질환은 아니지만 가족력과 연관이 있고 유전적인 위험도도 알려져 있다. 그러므로 가족 중에 뇌동맥류 발병자가 있는 경우에는 나머지 가족도 미리 검사를 받는 것이 좋다.

50~60대에 가장 많이 발견되는 뇌동맥류는 발병률이 높지는 않지만 일단 발병하면 치사율이 아주 높은 위험한 질병이다. 이 때문에 예방이 매우 중요하다. 이러한 뇌동맥류를 일으키는 주요 원인으로는 고혈압, 고지혈증 그리고 두뇌 손상Head Trauma과 유전적 요인 등이 있다. 특히 ADAMTS15, SOX17, CDKN2A 유전자 변이와 뇌동맥류가 연관이 있다.

뇌동맥류의 위험이 높은 사람은 혈압 관리에 신경을 써야 하며 금연은 필수다. 뇌동맥류 발병 위험이 있는 아동의 경우에는, 신체 접촉이 많은 운동을 자제하고 머리 보호 헬멧 등을 꼭 착용해 뇌의 충격을 최소화하는 것이 무엇보다 중요하다.

집중력 장애와 유전자

ADHD Attention Deficient Hyperactivity Disorder는 주의력결핍 과잉행동장애라 부른다. 최근 들어 아동 청소년 정신 건강 문제에서 가장 중요시되는 질환이다. ADHD는 주로 주의력 부족, 충동적 행동, 과잉행동이 핵심 증상이지만 집중 효율의 저하나 반응 억제의 어려움 등과 같은 문제가 나타나는 전두엽의 실행 기능 Executive Function 저하가 가장 특징이다. ADHD는 유전적인 원인으로 발생하는 경우가 많다. 특히 남자아이의 경우 유전 확률이 70%나 된다.

ADHD 발병 원인은 정확히 알려지지 않다. 그러나 특정한 한 가지 요인보다는 유전적, 신경학적, 생화학적 요인과 같은 기질적 요인과 정신적, 사회적 요인이 복합적으로 상호 작용하면서 발생한다고 추정한다. 유전적으로도 한 가지의 특정한 유전자가 아닌 신경전달 물질과 관련된 다양한 유전자가 복합적으로 작용하는 것으로 본다. 그중에서도 도파민과 노르에피네프린Norepinephrine 기작에 관여하는 유전자의 영향이 크다. 그동안 많은 연구에서 다양한 유전자와 집중력 장애의 연관성이 알려졌지만 각각의 유전자에 대한 위험도는 그리 높지 않다.

최근 연구에서는 BAIAP2 유전자의 변이가 성인 ADHD에 연관성이 있는 것으로 밝혀졌다. COMT 유전자도 도파민을 억제하므로 ADHD와 관련이 있다. COMT 유전자에 변이가 있는 경우 낮은 도파민 레벨을 보이며, ADHD의 위험도가 증가하는 것으로 밝혀졌다. 이 유전자에 변이가 있으면 정상 유전 인자를 가진 사람에 비해 25% 정도밖에는 기능을 못 하고, 뇌 속에 더 많은 도파민을 축적시키므로 이로 인해 다양한 성격의 변화가 나타나게 된다.

만약 ADHD를 방치할 경우, 청소년기와 성인기를 지나면서 많은 부정적인 결과로 이어지고 치료가 점점 어려워질 수 있으므로 조기에 치료를 시작하는 것이 더욱 효과적이다. 그간 ADHD 치료는 약물 치료가 주를 이루었다. 하지만 약물은 투여를 중단하면 증상이 재발되고, 약물 남용 시의 여러 부작용도 끊임없이 제기되었다. 그래서 요즘에는 안전하고 효과가 오래 지속되는 두뇌 훈련 방법이 각광을 받는 추세다.

ADHD에 대한 예방과 증상완화에 지중해식 식단이 도움이 된다.

가족력과 식단을 비교한 연구에서 지중해식 식단을 주로 실천한 가족이 ADHD 진단을 2.8배 낮춘 것으로 조사되었다. 고등어, 연어처럼 등 푸른 생선이 ADHD 예방 및 증상 개선에 효과적이다. 등 푸른 생선이 함유한 DHA와 같은 불포화 지방산과 오메가-3 지방산을 꾸준히 복용한 경우 ADHD의 증상 개선 효과가 관찰되었다. 임신부가 연어와 같은 생선을 많이 섭취하면 아이의 ADHD 위험률을 줄일 수 있다는 보고도 있었다. 이 밖에 ADHD 예방을 위해 좋은 식품으로는 사과, 배, 참치, 달걀, 견과류, 시금치, 오렌지, 키위, 연어, 통곡물, 시리얼, 브로콜리, 호두, 아마씨, 들깨, 콩, 닭고기 등이 있다.

반대로 인공 감미료, 당분이나 포화 지방, 카페인이 많이 들어간 식품, 가공식품의 복용은 ADHD 발생을 촉진하고 그 증상을 더욱 악화시킨다.

우울증과 유전자

우울증은 유전학적, 생물학적, 심리학적 영향력과 스트레스가 결합된 결과로 발병한다. 음주와 약물 남용 또한 우울증을 가져온다. 우울증은 가족력이 높게 작용하고 유전적 원인에 의해 발생할 수 있으나 가족력이 전혀 없는 사람에게 나타나기도 한다. 유전적 요인으로는 BCR 유전자 변이가 우울증 위험을 높이는 것으로 알려져 있다. 엽산의 대사에 관여하는 MTHFR 유전자에 변이가 있는 사람도 우울증 위험이 상당히 높다. SLC6A15 유전자 변이도 우울증 위험을 높인다.

이 외에도 다양한 유전자가 우울증의 위험과 연관이 있다. 최근 연구에 따르면 우울증 유전자의 일부는 네안데르탈인에게서 물려받은 것으로 보인다고 한다. 네안데르탈인에 기원한 여러 개의 유전자 변이가 우울증의 위험을 증가시킨다는 것이다. 네안데르탈인의 유전자는 흑인에서는 거의 발견되지 않고 백인, 특히 북유럽인에게 가장 많으며 동양인에게도 일부 존재한다. 흑인들의 우울증 위험이 낮은 것도 네안데르탈인의 유전자를 거의 갖고 있지 않은 것과 연관이 있지 않을까 한다.

우울증의 치료에는 약물 치료제로 선택적 세로토닌 재흡수 억제제Selective Serotonin Reuptake Inhibitor; SSRI와 세로토닌 노르아드레날린 재흡수 억제제Serotonin-Norepinephrine Reuptake Inhibitor; SNRI가 많이 사용되고 있다. 그러나 우울증 역시 치료만큼이나 예방이 중요한 질병이다.

우울증을 예방하려면 방부제나 식품 첨가물이 포함된 인스턴트식품을 적게 먹고 술과 담배는 가능한 한 피하는 것이 좋다. 또한 지나친 다이어트는 단백질이 부족해지고 신경 전달 물질의 합성에 영향을 미쳐 뇌 기능을 저하시킬 수 있다. 편식하는 습관을 피하고 균형 잡힌 식사를 하는 것이 중요하다.

운동은 우울증 예방과 치료에 가장 효과적인 것으로 알려졌다. 또한, 명상은 세로토닌의 분비를 촉진하고 긴장되었던 몸과 마음을 이완시키고 숙면을 도와준다. 원만한 사회생활과 좋은 가족 및 친구 관계도 우울증 예방과 치료에 큰 도움이 된다. 최근 연구에서는 락토바실러스Lactobacillus, 비피도박테리움Bifidobacterium 등의 유산균이 우울증 치료나 예방에 효과를 줄 수 있다는 연구 결과가 발표되었다. 연구가 계속된다면 우리 몸에 유익한 균들이 우울증 완화의 동반자가 될 수 있다고 본다.

계놈혁명 : 호모 헌드레드 프로젝트

자폐증과 유전자

자폐증Autism은 보통 3세 이전, 아동기 초반에 나타나는 신경 발달 장애로 의사소통과 사회적 상호 작용, 이해 능력에 저하를 일으킨다. 보통 소아 1000명당 1명 정도가 진단을 받지만 최근 그 수가 계속 증가하고 있다. 특히 남아에서 여아보다 3~5배 더 많이 발생한다.

발병의 원인은 아직 명확하게 밝혀지지 않았지만 많은 연구자는 정서적인 원인에 의한 것이 아니라 유전적 발달 장애라고 생각하고 있다. 최근 연구에 따르면 자폐증은 유전적 요인이 80% 이상 될 것이라 보고되고 있다.

대부분의 자폐증은 다양한 희귀 유전자가 관여하는 것으로 알려져 있다. 대부분의 일반적인 변이는 그 위험성에 많은 영향을 미치지 않는다. 구체적으로 살펴보면, rs10513025는 유전자 SEMA5A와 TAS2R1 사이에 있는 변이로 T형을 가진 사람은 자폐 증의 위험이 C형에 비해 2배 이상 높은 것으로 밝혀졌다. 유전자 CNTNAP2 변이도 자폐증의 위험성을 증가시킨다. 반면에 2~4% 의 자폐증은 가족력으로 인한 희귀 유전자가 관여하는 것으로 알려 져 있다. 이런 자폐증은 다른 유전적 증상과 함께 나타난다. ANDP, ARID1B, ASH1L, CHD2, CHD8, DYRK1A, POGZ 등이 가족성 자폐증에 관련이 있는 것으로 밝혀졌다. 이러한 유전자는 주로 뇌의 발달과 연관된 것이다. 참고로 일부 예방 접종이나 백신이 자폐증의 위험을 증가시킬 수 있다는 보고가 있었지만 과학적 증거가 불충분 하다.

자폐증은 아직까지 특별한 치료가 없지만, 초기에 발견해 교육 등을 통해 자폐 증상을 완화하면 삶의 질을 향상시킬 수 있다. 필요에 따라서는 추가로 약물 치료를 병행해 공격적 행동이나 자해 행동과 같은 심각한 증상을 완화한다. 행동 통제를 통해 다른 치료에 도움이 될 수 있을 때도 약물 치료를 사용한다.

자폐증을 효과적으로 예방하거나 치료하는 방법은 알려져 있지 않지만 자폐증 원인 관련 유전자 연구가 활발하게 진행되고 있다. 유전적 원인에 따라 다양한 치료법과 예방법이 제시될 수 있을 것으로 기대된다.

편두통과 유전자

편두통은 일반적인 두통과는 증상이 다르고 여성에게 많이 발생한다. 유전적 요인과 관련이 큰데 여성의 경우 48% 정도, 남성은 38% 정도가 유전적 원인에 의한 것이라 본다. 나머지는 비유전성 요인으로 생리 주기와 피임약 복용에 의한 호르몬 변화, 비만이나 저체중, 오래된 치즈나 짠 음식에서도 기인할 수 있고 MSG와 같은 식품 첨가제에 의해 발생하기도 한다. 술과 커피에 의해 발생하는 사람도 있다. 일부 약물의 복용도 편두통을 유발하고, 밝은 불이나 소음, 강한 냄새 자극에 반응해 편두통이 생길 수도 있다. 또한 스트레스나 격렬한 신체 운동, 기압, 온도, 시차로 인한 수면 패턴의 변화 등 아주 다양한 요인이 있다.

저혈당으로 인해 발생하는 경우도 많이 있다. 혈액 속에서 당으로 변화되는 정제된 탄수화물을 너무 많이 섭취하거나 영양소가 부족하면 저혈당증으로 인해 편두통이 발생할 수 있다.

편두통의 유전적 요인을 보면, FHL5 유전자 변이가 위험성을 일부 높이는 것으로 알려져 있다. 편두통으로 고생하는 사람 중 대략 46%에서 이 위험성을 가지는 유전자형이 발견된다.

최근에는 제약회사와 연구자들이 CGRPCalcitonin-Gene-Related Peptide 유전자와 편두통에 큰 관심을 가지게 되었다. CGRP는 신경 전달 물질로, 뇌에서 주로 발현되는데 편두통 발생 시 이 유전자의 발현량이 증가하는 것으로 알려진 것이다. 이에 많은 제약회사에서 이 단백질을 타깃으로 한 편두통 약을 개발하기 시작했고, 그 결과 나온 예방 신약이 최근 FDA 승인을 받으면서 편두통 예방의 새로운 전기를 맞이하게 되었다.

이 약은 CGRP를 타깃으로 한 항체 단백질 시약으로 이레누맙 Erenumab이라고 한다. 그 비용은 무척 높지만 임상 실험 결과 편두통 예방 효과가 탁월한 것으로 밝혀졌다. 2018년에 편두통 타깃 유전자에 대한 최초의 신약으로 엠젠Amgen사와 노바티스Novatis사에서 상용화한다. 이제 많은 신약이 치료보다는 예방 차원에서 질병 표적 유전자를 기반으로 개발하고 있는 것이다.

일단 두통이 시작되면 쉽게 가라앉지 않기 때문에 편두통의 위험이 높은 사람은 가능한 한 유발하지 않도록 주의하는 것이 좋다.

예방을 위한 생활 습관으로는 소식과 신선한 과일과 채소의 섭취 및 좋은 단백질이 포함된 균형 잡힌 식습관 등이 있다. 비타민 B군이 편두통의 예방과 치료에 도움이 될 수 있다. 오메가-3 지방산의 섭취도 권장된다. 마그네슘 보충제가 편두통에 도움이 된다는 연구 결과도 나왔다.

반면 흰 식빵과 같이 정제된 탄수화물, 설탕, 초콜릿, 튀긴 음식 섭취는 피하는 것이 좋다. 티라민과 아질산염이 들어간 음식은 편두통의 위험을 증가시킨다. 티라민은 두통을 유발하는 뇌 속의 노르에피네프린을 방출하는데, 소시지, 햄, 베이컨 같은 정제된 가공 육류 식품에 많다.

식품 알레르기가 편두통을 일으키는 경우도 있으므로 주의해야 한다. 이를 위해서는 편두통이 발생하면 그날 섭취했던 음식을 모두 기록해 나에게 맞지 않은 특정한 식품이 무엇인지 파악하고 최대한 피하는 것이 중요하다. 참고로 식품 알레르기는 견과류, 유제품 또는 특정한 곡물 등이 원인이 되는 경우가 많이 있다. 이 외 편두통의 원인 중 하나는 수분 부족이기 때문에 충분한 물을 마시는 것도 도움이 된다. 하지만 감미료와 설탕, 카페인이 많이 함유된 음료는 가능한 한 피한다. 금연을 해야 하며, 지나친 커피 섭취도 삼간다.

특정한 종류의 빛에서 편두통을 일으키는 경우도 있다. 따라서 너무 밝은 빛은 피하는 것이 좋다. 외출 시 자신한테 맞는 색의 선글라스를 착용하는 것도 도움이 된다. 다양한 소음도 원인이 되기 때문에 너무 시끄러운 음악이나 계속 지속되는 특정 소음을 피하도록 한다.

규칙적인 수면과 운동은 편두통 예방에 큰 도움이 된다. 스트레스의 적절한 관리 또한 중요하다. 약물 중 호르몬 조절과 관계된 의약품이 편두통을 일으킬 수 있기 때문에 특정 약물에 의해서 편두통이 야기되는지도 잘 살펴보아야 한다. 이런 현상은 임신 기간이나 갱년기와 같이 신체에 호르몬 변화가 많을 때 편두통이 자주 발생하는 것과도 연관이 있다. 경구 피임약처럼 호르몬을 조절하는 의약품을 복용할 경우, 에스트로겐 수치를 낮추고 편두통의 증상이 더 심해질 수 있다.

약물적 예방법을 보면, 베타차단제를 이용하는 고혈압 치료와 칼슘 통로 차단제를 포함하는 심장 혈관 약물 치료가 편두통 예방에 도움이 될 수 있다. 항발작 치료제, 우울증 치료제 그리고 마리화나도 편두통 치료나 예방에 효과가 있는 것으로 알려져 있다. 하지만 마리화나는 우리나라에서는 불법이고, 다른 약들도 예방약으로 복용하기에는 부작용이 있을 수 있기 때문에 의사와 논의 후 복용하는 것이 좋다.

게놈혁명 : 호모 헌드레드 프로젝트

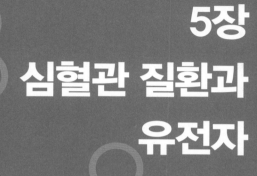

5장
심혈관 질환과
유전자

Cardiovascular Disease and Genes

심장마비와 유전자

우리는 종종 뉴스를 통해 세계적으로 유명한 운동선수가 갑작스러운 심장마비Heart Attack, Cardiac Arrest로 사망했다는 소식을 접하곤 한다. 심지어 어린아이가 심장마비로 사망했다거나, 건강했던 사람이 잠을 자다가 심장마비로 돌연사를 했다는 이야기도 가끔 전해 듣는다. 이처럼 전혀 예상하지 못한 사람에게 일어나는 심장마비의 원인은 잘 알려져 있지 않지만, 많은 경우 유전자와 상관 있다는 것이 정설이다. 특히 35세 이하의 나이에 발병하는 심장마비는 대부분 가족력 유전성이 원인이다. 자신은 알지 못했지만 가족력으로 부정맥이나 비대심장근육병HCM 증상이 있었던 것이다.

특히 심장 박동의 전기 시그널을 생성하는 데 영향을 미치는 것으로 알려진 SCN5A 유전자에 변이가 있는 사람은 부정맥과 깊은 연관이 있어 급성 심장마비의 위험이 800%나 높다. 흑인의 경우 8명에 1명꼴로 이 유전자에 변이가 있다. 아시아인이나 백인은 그렇게 많지 않지만 이 변이를 가진 사람이 종종 발견된다.

급성 심장마비는 온몸으로 혈액을 전달하는 심장의 펌프질이 갑자기 멈추는 것이다. 정지 상태가 3분 이상 지속되면 뇌가 손상되고 보통 5분 이내에 사망한다. 한국의 경우, 국민건강보험공단 코호트에 등록된 112만 5691명 중에서 0.2%인 1979명에서 급성 심장마비가 발생했다. 주목을 끄는 점은 전체 급성 심장마비 환자 중 14.7%가 유전성 부정맥이 원인이었다는 것이다. 심장마비가 흡연, 고혈압, 고지혈증, 약물 부작용 등으로 관상동맥이 좁아져 생기는 경우가 많지만 이에 못지않게 가족력과 관련된 유전성이 중요한 원인으로 작용했다.

부정맥은 심장 박동이 정상적인 리듬을 잃고 흐트러진 상태를 말한다. 그중 브루가다Brugarda 증후군과 긴QTLong QT 증후군, 우심실 심근병증Arrhythmogenic Right Ventricular Dysplasia; ARVD 등의 유전성 부정맥은 아무런 증상이 없다가 갑자기 발생하는 경우가 많기 때문에 환자 자신이 유전적 요인이 있는지 평소에 모르는 경우가 대부분이다. 참고로 한국은 유전성 부정맥으로 인한 급성 심장마비 발생 비율이 서양이나 일본보다도 높다는 것에 주의해야 한다. 특히 가족 중 심장마비 돌연사를 한 사람이나 부정맥 환자가 있다면 이런 급성 심장마비를 막는 차원에서 전문의와 미리 상담하고 유전자 검사를 하는 것이 좋다. 이를 통해 본인에게도 유전적 요인이 있는지 파악하고 발병을 예방하기 위한 조치를 꾸준히 함으로써 자신의 생명을 구할 수 있다.

AKAP9	ANK2	CACNA1C	CACNA2D1
CACNB2	CALM1	CASQ2	CAV3
DSC2	DSG2	DSP	GPD1L
HCN4	JUP	KCND3	KCNE1
KCNE2	KCNE3	KCNH2	KCNJ2
KCNJ8	KCNQ1	LMNA	NKX2-5
PKP2	RYR2	SCN1B	SCN3B
SCN4B	SCNSA	SNTA1	TBX5
TGFB3	TMEM43	TRDN	TRPM4

그림 32 부정맥(Arrhythmia) 유전자 검사 패널

ACTC1	ACTN2	ANKRD1	CSRP3
FXN	GLA	JPH2	LAMP2
MYBPC3	MYH6	MYH7	MYL2
MYL3	MYOZ2	MYPN	NEXN
PLN	PRKAG2	PTPN11	RAF1
TCAP	TNNC1	TNNI3	TNNT2
TPM1	TTR	VCL	

그림 33 비대 심장 근육병(Hypertrophic Cardiomyopathy ; HCM) 유전자 검사 패널

비대 심장 근육병Hypertrophic Cardio Myopathy; HCM도 아무 증상이 없다가 돌연 심장마비를 일으킨다. 그러므로 유전자 검사를 통해 개인의 위험도를 예측하고 이에 대비하는 것이 최선의 예방 방법이다. 비대 심장 근육병의 경우 MYBPC3과 MYH7 유전자의 변이가 원인이 된 경우가 전체 유전성 환자의 50%에 달하기 때문에 이 질환이 의심된다면 이 두 유전자에 변이가 있는지부터 살펴봐야 한다.

심장마비를 유발하는 심혈관 질환의 원인이 되는 유전변이가 있다면 급격한 운동은 삼가는 것이 좋다. 겨울이나 환절기에 특히 주의하는 것이 심장마비의 예방을 위해 중요하다. 그리고 약물성 심장마비의 위험이 있다면 처방약을 피하고 식습관으로 조절해도 그 위험을 상당히 낮출 수 있다. 또한 신장이나 간질병에 조심해야 하며, 몸의 칼륨Potassium 농도를 급격히 변화시키는 심한 구토나 설사 증상이 있을 경우 각별히 신경 써야 한다. 그리고 가족 중에 심장마비 돌연사를 한 사람이 있거나, 유전성이 발견되었거나, 부정맥이 있다면 인공심박동기Artificial Cardiac Pacemaker 등을 착용해 위기 상황에 목숨을 구하는 것도 방법이다.

영아급사증후군Sudden Infant Death Syndrome; SIDS도 많은 경우 이런 심혈관 질환의 유전자 변이에 의한 것으로 밝혀졌다. 가족성이 의심되는 경우 유전자 검사를 신생아 때부터 실행하는 것 또한 검토해보아야 할 것이다.

더불어 가족성 고콜레스테롤혈증Familial Hypercholesterolemia;

FH은 유전성으로 심장마비의 확률을 상당히 증가시킨다. APOB, LDLR, LDLRAP1과 PCSK9 유전자에 변이가 있는 사람에게 주로 발현하므로 유전자 검사를 통해 위험이 높은지를 확인하는 것이 좋다. 그리고 혈중 콜레스테롤 농도를 낮추는 데 각별히 주의해 심장병의 발생을 막아야 한다.

심부전증 및 관상동맥 질환과 유전자

심부전은 모든 연령층의 사람에게 발생할 수 있지만 특히 고령자에게 훨씬 많이 나타난다. 고령자의 경우 심장 근육이나 심장 판막을 손상시키는 질환이 발생할 가능성이 젊은 사람들에 비해 더 높기 때문이다. 더불어 심장 질환의 특정 위험 요인(흡연, 고혈압 고지방식)에 노출된 사람은 위험도가 높다. ADRA2C와 ADRB1 유전자의 변이가 있는 경우 최고 5배의 위험이 있는 것으로 밝혀졌다. 이 유전자의 변이는 흑인에서 가장 많이 발견되고 있다. 최근 연구에서 혈압약 중 베타 차단제Beta Blocker가 심부전의 위험을 상당히 낮출 수 있는 것으로 알려졌다.

관상동맥 질환은 콜레스테롤과 같은 지방 성분이 혈관에 축적되어 혈관이 좁아지면서 유발되는 질환이다. 혈관이 좁아지면 원활한 혈액 순환이 어렵기 때문에, 평소 심장이 약한 사람이 갑작스러운 스트레스나 쇼크 등으로 과부하가 걸리면, 협심증이나 심근경색증을 일으키는 원인이 된다.

심혈관 질환과 가장 연관성 있는 것으로 알려진 유전자는 염색체 9번의 9p21번 영역이다. 그 변이에 따라 관상동맥 질환의 위험이 2배 이상 높아지는 것으로 알려져 있다. BAZ2B 변이는 급성 심장마비를 백인의 경우 4배까지 더 일으킨다. CDKN2B-AS1 유전자도 심장병 발병 확률을 높인다. 당뇨병의 위험을 높이는 유전자형들도 심장병 발병 위험과 깊은 연관이 있는 것으로 밝혀졌다. 조기 발병 알츠하이머 치매와 깊은 관련이 있는 것으로 알려진 APOE 유전자형은 심혈관 질환과도 상관관계가 높다. 특히 알츠하이머성 치매의 위험도를 높이는 APOE-4형은 몸에 해로운 콜레스테롤인 LDL을 높임으로써 다양한 심장 질환의 위험도를 함께 상승시킨다. 따라서 APOE-4형의 유전자를 가진 사람은 지중해식 식단과 같은 저지방식을 먹으며 유산소 운동을 많이 하는 것이 질병의 예방에 도움이된다. 그리고 APOE-2형이나 APOE-3형을 가진 사람은 적당한 양의 와인 섭취가 심혈관 질환과 치매의 예방에 좋다. 단, APOE-4형의 유전자를 가진 사람은 소량의 와인 섭취도 해로우므로 주의한다.

또한 APOE-4형을 가진 사람들은 관상동맥 질환의 위험도도함께 높은 것으로 알려져 있다. APOE 유전자 타입에 따른 유전적 위험도는 보통 40세를 전후해서 나타나기 시작하고 60세 이후에는 3배 이상 증가한다.

APOE-4형이 본인의 유전자 타입이라면 30대 중반부터 정기적으로 콜레스테롤 측정과 CRPC-Reactive Protein 혈액 염증 수치 검사를 시행하고 콜레스테롤을 관리해주는 스타틴과 같은 약을 꾸준히 복용해 심장병의 위험을 현저히 낮출 수 있다. 최근 연구에서는 비록 콜레스테롤이 높지 않다 하더라도 CRP 염증 수치가 높은 경우 콜레스테롤을 낮춰주는 스타틴을 함께 복용하면 심장병과 그에 따른 사망률을 상당히 줄일 수 있는 것으로 밝혀졌다. 연구에 따르면 APOE-4형 유전자를 가져 심장병 위험이 높은 환자가 콜레스테롤 강하제인 스타틴을 복용해 심혈관 질환을 70%나 낮출 수 있는 것으로 나타났다. 유전자에 기반을 둔 예방법이 그렇지 않은 경우에 비해 발병을 막는 데 훨씬 더 효과적이라는 것이 증명된 셈이다.

심부정맥 혈전증DVT과 유전자

이코노미클래스 증후군이란 일반석 증후군이라고도 하는데, 심부
정맥 혈전증Deep Vein Thrombosis; DVT이 원래 병명이다. 장거리 비행
시 피가 굳어 혈관 손상이나 합병증을 일으키는 혈전증을 말한다.
항공기 탑승객들로부터 발생한 증후군이었지만 이제는 장거리 열
차, 버스, 자동차 탑승객들에게까지 발생하고 있다.

　이 증후군은 장거리 여행 후 보통 5시간에서 17시간 사이 발병
한다. 혈액 순환 장애로 인해 혈전이 생성되고, 이것이 폐나 심장혈
관을 막아 심하면 사망에 이른다. 동맥경화, 고혈압, 고지혈증 환자
와 임산부, 고령자, 흡연자, 비만자에서 많이 나타나며 유전적 원인
이 높다고 알려져 있다.

F5Factor V 유전자와 Prothrombin F2 유전자의 변이가 심부정맥혈전증DVT을 10배 이상 증가시킨다. CYP3A5*1 변이의 경우 갱년기 이후 에스트로겐을 복용하는 중년 여성 환자에서 심부정맥혈전증 질환이 크게 증가한다. 이런 유전자 변이가 있는 사람은 비행기 탑승 전 아스피린이나 와파린 같은 혈전 용해제를 미리 복용해 그 위험성을 상당히 줄일 수 있다. 하지만 아스피린은 CYP2C9의 변이가 있으면 궤양과 위출혈 등의 위험이 있을 수 있고, 와파린은 VKORC1과 CYP2C9의 유전자 검사에 따라 그 복용량을 조절해야만 한다.

일반적인 예방법은 장시간 차나 비행기를 탈 경우, 수분을 많이 섭취하고 자주 다리를 펴주고, 휴게소를 이용하는 등 가끔씩 자리에서 움직이는 것이다.

고혈압과 유전자

고혈압은 전 세계 25세 이상 성인 인구 10명 가운데 4명이 가지고 있을 정도로 심각한 만성 질환이자 뇌·심혈관 질환을 높이는 주요 원인이다. 세계보건기구에 따르면 매년 750만 명 이상이 고혈압에 관계된 질병으로 사망한다. 이는 전체 사망의 13%에 해당하는 수치다. 한국 건강보험심사평가원의 집계를 보면 한국인 800만 명 이상이 고혈압 증상을 보이고 있으며, 60세 이상은 두 명 중 한 명꼴인 것으로 나타났다. 국내 코호트 조사에서도 평균 혈압이 10 정도 차이 나는 사람들 사이에서도(140/90mmHg 이상과 130/85mmHg 미만) 심장 및 뇌혈관 질환의 위험이 2.6배 높은 것으로 나타났다. 특히 뇌졸중의 경우 고혈압이 가장 높은 위험 인자다.

하지만 고혈압은 뚜렷한 증상이 없어 심각하게 여기지 않는 경우가 많다. 전문가들은 40대 이후엔 혈압 관리가 선택이 아닌 필수라고 한다. 고혈압은 뇌졸중, 협심증, 심근경색 등 위험한 합병증으로 이어질 수 있기 때문에 더 조심해야 한다.

고혈압과 연관된 유전자 중 잘 알려진 AGTAngiotensin 유전자는 혈관의 수축과 혈액 속의 염분을 조절하는 역할을 하는데 AGT 변이 유전자는 혈관을 더 수축시키고 혈중 염도를 높여 고혈압을 일으킨다. 특히 여성의 경우 AGT 변이 유전자가 임신과 연계된 고혈압을 유발할 위험이 크다.

고혈압 예방을 위한 식단 조절의 핵심은 주로 염분과 지방의 섭취를 줄이고 과일과 채소를 많이 먹는 것이다. 그러나 AGT 유전자에 변이가 있으면 염분 조절에 의한 혈압 조절보다는 지방의 섭취를 줄이는 것이 혈압을 낮추는 데 훨씬 효과적이다. AGT 염분 민감성 유전자는 흑인에서 많이 발견되나 백인에서는 그렇지 않다. 그래서 흑인의 경우 저염 식단에 대한 혈압이 잘 반응하는 반면, 백인의 경우 염분 조절이 혈압을 낮추는 데 크게 도움이 되지 않는다. 동양인들은 AGT 유전자에 대한 민감성이 높기 때문에 일반적으로 적은 소금 섭취가 혈압을 조절하는 데 도움이 되지만 일부는 크게 영향을 받지 않는 것으로 알려져 있다.

고혈압은 단일 유전자의 변이에 의한 발병도 있지만 대부분은 여러 가지 유전 요인과 비유전적 요인이 서로 영향을 주어 유발된다. 고혈압을 일으키는 비유전성 요인으로는 비만, 비활동적 생활, 음주, 식생활 비타민 D 결핍 등 다양한 요인이 있다.

또한 고혈압을 낮추기 위해서는 정기적인 운동이 무엇보다 중요하다고 알려져 있다. 하지만 이 역시 개인에 따라 효과가 차이가 난다. EDN1 유전자에 변이가 있으면 그렇지 않은 사람에 비해 혈압 감소 효과가 낮다. 게다가 NOS3와 AGT 유전자에 변이가 있을 경우에는 임신 중 고혈압을 증가시킬 확률이 2배 이상 높다는 연구 발표도 있었다.

고혈압 치료에 쓰는 잘 알려진 약으로는 ACE 억제제ACE Inhibitor라고 불리는 안지오텐신 전환효소 억제제, 베타 차단제Beta Blockers, 칼슘 통로 차단제Calcium Channel Blockers 등이 있고, 그 효력을 높이기 위해 이뇨제Diuretics를 함께 쓰기도 한다. 이 중 고혈압 치료를 위해서 가장 많이 사용하는 ACE 억제제는 이뇨제와 함께 복용 시 효과가 좋다. ACE 억제제는 심장이나 혈관에 직접 작용하지 않고, 인체에서 혈압을 올리고 염분과 수분을 축적시키는 시스템을 억제해 혈압을 낮추는 약제다. 고혈압에 의한 심혈관 질환 및 신장에 대한 보호 작용이 좋고 심부전에도 도움이 된다. 그러나 약 20%의 환자에서 건조한 기침을 유발하는 것으로 알려져 있다. 남자보다 여자에게 흔히 나타나는 이 부작용은 심한 경우, 일반적인 생활이 어려울 정도여서 추가 약물을 사용하거나 복용을 중단해야 한다. 최근 유전체 연관 연구에서 KCNIP4 유전자에 변이가 있는 사람에게 건조한 기침을 일으키는 확률이 아주 높은 것으로 밝혀졌다. 이 유전자에 변이가 있는 경우 고혈압 치료에 ACE 억제제보다는 다른 약물을 사용할 것이 권장된다.

베타 차단제의 경우, 유전자 ADRB1에 특정 변이가 있는 사람에게는 혈압을 낮추는 데 거의 도움이 되지 않는 것으로 알려져 있다. 오히려 부작용의 위험이 높다고 한다.

칼슘 통로 차단제는 혈관과 심장의 세포막의 칼슘 채널에 작용해 혈관을 확장시켜 혈압을 낮춘다. 심장에 작용해 심장의 수축력을 억제하고 박동수를 낮추는 작용도 한다. 그러나 변비, 두통, 빠른 심장 박동과 발진 또는 부종과 같은 부작용이 나타날 수 있다. 자몽과 같이 복용할 경우 부작용이 더 심한 것으로 알려져 있으므로, 복용 2시간 전부터나 복용 후 2시간 이내는 자몽 주스의 섭취를 피해야 한다. 또한 CACNA1C 유전자 변이에 따라 칼슘 채널 차단제가 고혈압에 미치는 영향이 다른 것도 밝혀졌다.

소금 민감성 고혈압

혈압을 높이는 것으로 잘 알려진 소금도 섭취 시 개인마다 민감성이 크게 차이가 나며, 그 반응이 유전자와 상관이 크다. 소금을 조금만 먹어도 혈압이 높아지는 사람이 있는데 이를 '소금 민감성 고혈압'이라고 한다. 이들은 상대적으로 고혈압이나 심혈관 질환에 걸리거나 이 때문에 사망할 위험이 높으므로 특별한 주의가 필요하다.

소금 민감성 고혈압은 유전적인 원인이 가장 크다. 원래 혈액 내 나트륨 농도가 높으면 콩팥에서 나트륨을 흡수해 소변으로 배출한다. 그러나 소금 민감성을 높이는 변이 유전자를 가지고 있으면 이러한 작용을 잘 하지 못한다. 그 결과 혈액 내 나트륨이 계속 높은 상태로 있어, 삼투압 작용으로 인해 혈액량이 늘고 혈압도 올라간다.

지금까지 연구에서 소금 민감성을 유발한다고 밝혀진 유전자는 STK39, ATP2B1, SLC12A3 등이다. 이들 유전자에 변이가 있는 사람은 저염식을 통해 혈압을 정상으로 유지할 수 있도록 해야 한다. 특히 SLC12A3 유전자에 변이가 있으면 체내 들어온 소금을 제대로 처리하지 못해 비만의 위험까지 높기 때문에, 저염식을 어려서부터 생활화하고, 비만을 줄이고, 심혈관계 질환을 낮추기 위해 노력하는 것이 무엇보다 중요하다.

6장
면역 질환과 유전자

Immune Disease and Genes

천식과 유전자

천식은 호흡 곤란을 일으키는 염증성 기도 폐쇄 질환으로, 환경과 유전적 소인의 복합적 상호 관계에 의해 발생하는데 유전적으로 천식의 위험성이 높다 하더라도 대부분 비유전적 요인인 담배, 공해, 약물, 운동 등에 의해 시작된다. 미국, 영국 등 선진국에서 흔한 질환으로 전 인구의 20~30%, 우리나라는 초등학교 아동의 16%, 성인의 5% 정도가 천식 환자로 추정된다.

한국에는 400만 명 이상의 천식 환자가 있을 것으로 보이는데, 이 숫자는 과거 20년 동안 3배 이상 증가한 수치다. 보통 12세 이전의 어린아이에게 발생할 경우 유전적인 영향이 높은 것으로 본다. 성인의 경우에는 환경적 요인으로 발생하는 경우가 더 많다. 대부분의 소아 천식은 성인에 이르기까지 이어져 성인 천식으로 지속된다. 성인 천식의 경우 유전적 요인과 비유전적 요인은 대략 절반씩이다.

천식의 위험성을 높이는 유전자로 알려진 TSLP의 경우, 위험 변이가 있으면 위험도를 1.3배 정도 높인다. 백인에서 많이 발견되는 변이로 대략 백인의 50%, 동양인의 15% 정도가 위험 인자를 가지고 있다.

천식 소인이 있는 사람은 상기도 감염으로 인한 급성기도폐색을 겪을 수 있으며 심할 경우 사망하기도 한다. 천식은 일종의 알레르기 질환으로 현재로서는 특별한 치료법이 없기 때문에 위험도를 미리 알고 이를 유발하는 항원을 최대한 피하는 것이 가장 좋은 예방법이다.

비록 천식이 환경적 요인에 의해 크게 증가되는 추세지만, 유전적 소인을 가지는 것 역시 중요한 발병 요인이 된다. 천식에 관련된 많은 유전적 요인이 밝혀졌으며, 연구자들은 유전적 요인과 비유전적 요인의 연관성을 찾는 데 많은 노력을 하고 있다. 특정한 유전자 변이에 의한 천식을 앓고 있으면 그에 해당하는 비유전적 요인에 노출되는 것을 최소화해 질병을 완화하려는 것이다.

천식의 비유전적 요인으로는 비만과 흡연이 있는데 신생아의 저체중과 산모의 흡연이 아이의 천식의 위험을 높인다. 천식을 유발하는 원인으로 잘 알려진 것은 집먼지진드기와 바퀴벌레다. 특히 IL12A 유전자에 변이가 있는 사람은 바퀴벌레에 기인한 천식에 특히 민감한 것으로 밝혀졌다. IL10 유전자에 변이가 있는 경우 집먼

지진드기가 주원인이다. IL12A와 IL10 유전자는 몸 안의 면역 반응에 아주 중요한 역할을 하는데, 이 유전자 변이가 특정 알레르기를 유발하는 물질에 각각 더 심각하게 반응한다.

ADAM33 유전자 변이는 어린이의 천식 위험을 증가시키는 것으로 알려졌다. 이 유전자가 폐와 기관지 발달에 중요한 역할을 해 천식의 위험을 높이는 것이다. 특히 태아가 간접흡연에 노출되면 출생 후 천식의 위험이 아주 높다. 그러므로 ADAM33 유전자를 비활성화하거나 기능을 억제할 수 있다면 천식을 치료하는 데 큰 도움이 될 것이다.

천식을 치료하는 약물도 개인에 따라 그 반응이 크게 차이가 난다. 따라서 유전자 검사를 하면 나에게 가장 효과가 좋으면서 부작용이 낮은 약을 선택하는 데 도움이 된다. CRHR1 유전자 차이에 따라 특정 스테로이드 계열의 흡입기약Inhaler에 대한 반응을 보는 식이다. 예를 들면 플로벤트Flovent나 풀미코트Pulmicort에 반응이 좋은지, 나쁜지 예측할 수 있다. 유전자형의 차이에 따라 폐의 기능을 증가시키는 정도가 4배 이상 다르다. CRHR1 유전자는 몸 안에서 스트레스에 반응하는 유전자다. 스트레스 상태에서 코르티솔Cortisol이라는 물질을 분비해 스트레스로부터 몸을 보호하는 역할을 한다.

그리고 ADRB2 유전자에 변이가 있는 사람은 소아용 흡입기Pediatric Inhaler 알부테롤Albuterol을 사용하면 부작용을 초래하는 경우가 많으므로 주의해야 한다.

류마티스 관절염과 유전자

류마티스 관절염Rheumatoid arthritis; RA은 자가 면역 질환으로 많은 조직과 장기에 만성적인 염증을 일으키고 여러 장기를 손상한다. 주로 유연한 활막Synovial에 집중적으로 생기는데, 병 진행은 주로 관절 연골의 파괴와 관절의 유착증Ankylosis 증상을 보인다. 류마티스 관절염은 또한 폐, 심막Pericardium, 늑막Pleura, 눈의 공막Sclera의 염증을 확산시킨다. 미국의 경우 대략 0.6%의 성인이 이를 앓고 있으며, 한국은 인구의 1% 정도가 이 환자인데 여성이 남성보다 최고 4배 더 많이 발병한다. 주 발병 연령은 35~45세지만, 나이와 무관하게 발생할 수 있다. 제대로 치료하지 못하면 신체장애가 발생할 수 있고, 평생 치료를 해야 하기 때문에 경제적인 부담도 큰 편이다.

게놈혁명 : 호모 헌드레드 프로젝트

치료는 약리적인 것과 비약리적인 방법이 있다. 약리적인 요법으로는 대부분 진통제Analgesia와 항염증제(스테로이드)를 사용하는데 일시적으로 증상을 억제시킬 뿐 관절의 손상을 멈추게 할 수는 없다. 비약리적 치료는 물리치료, 정형술Orthoses, 직업 요법Occupational Therapy, 영양 치료가 있지만 이 역시 관절의 손상을 멈추지 못한다.

류마티스성 관절염은 53% 정도가 유전적 요인 때문이고, 47% 정도가 비유전적 요인 때문이라고 알려져 있다. 발병 원인이 정확하지는 않지만 유전적으로 류마티스 관절염의 소인이 높은 사람은 어떤 외부 자극을 받으면 인체 내 면역 체계가 자신의 몸을 비정상적으로 공격해 염증이 발생하는 것으로 추정하고 있다.

지금까지 알려진 가장 강력한 위험 인자는 흡연이다. 흡연은 남녀 모두에게 류마티스 관절염의 위험도를 1.5~3배까지 증가시킨다. 흡연은 몸의 자가 항체의 생성과 연관이 있고, 류마티스 관절염은 뼈 손상과 연골 파괴 등으로 악화되기도 한다. 이 외에도 여성 호르몬, 경구 피임약, 다량의 커피 섭취 등도 위험 요인이다. 또한 소금은 면역 세포의 분화 과정에서 염증 세포로 분화를 촉진하므로 류마티스 관절염의 위험이 높은 사람은 짠 음식을 피하고 저염식을 하기를 권장한다.

류마티스 관절염의 위험에 영향을 미치는 유전자 중 많은 수의 유전자가 면역 시스템에 관여하는 HLA 영역에 존재한다. 대표적으로 HLA DRB1 유전자의 차이에 의해 위험도가 다르게 나타나는 것이 알려졌다. 염색체 6p23 영역에 있는 rs6920220도 대표적인 류머티스 관절염 연관 유전자로 35% 정도의 백인이 위험 유전자를 가지고 있다. 백인이 위험 유전자를 1개 가지고 있을 때의 위험은 1.2배 정도이고, 2개 모두 위험 인자가 있으면 1.6배의 위험을 보인다. 이에 반해 동양인은 5% 이내의 사람에서 해당 인자가 발견된다.

반면에 CD 244 유전자 변이는 동양인에서 많이 발견되고 1개의 위험 인자가 1.4배의 위험을 보인다. 2개의 위험 인자를 가진 사람은 2배의 위험을 보이는 것으로 보고되었다.

HLA B27의 차이도 류마티스 관절염의 위험도에 영향을 미치는데, 특히 강직척추염 환자의 90% 이상에서 발견된다. 또한 HLA DR4의 차이에 의해 위험도가 3.25배 차이가 난다고 보고된 바 있다.

류마티스 질환에 취약한 유전자를 가진 사람은 흡연, 스트레스, 병원균 감염 등 환경적 요인이 더해지면 면역 체계가 비정상적으로 변하고 질병이 시작된다. 자가 면역 질환에 대한 다양한 신약이 개발되면서 류마티스 관절염에 좋은 효과를 주는 약이 지난 몇 년 사이 많이 나왔다. 이런 신약은 일부 기존의 약물보다 좋은 효과를 주는 것으로 알려졌지만 가격이 높고, 치료보다는 증상을 완화하는 약이기 때문에 예방을 통해 병을 관리하는 것이 무엇보다 중요하다.

스테로이드 제제의 사용 역시 당장은 증상을 호전시키지만, 남용할 경우 류마티스 관절염 질환 자체보다 더 나쁜 합병증을 초래할 수 있으므로 특히 주의해야 한다.

수술적 요법은 교정뿐만 아니라 예방 목적으로 시행하기도 한다. 관절 운동 조절, 변형 교정, 근력의 증가, 통증의 완화 또는 연골이나 힘줄의 파괴 방지, 관절의 기능 향상, 미용상의 효과 등이 대표적이다.

만성 치주염을 유발하는 구강 세균 중 진지발리스균이 류마티스 질환의 원인 중 하나인 것으로 밝혀졌다. 프로바이오틱스인 락토바실러스 카세이*Lactobacillus casei*균이 진지발리스 유해균을 없애고 류마티스 관절염을 예방하거나 치료하는 데 도움을 줄 수 있는 것도 알려졌다.

그러므로 류마티스 관절염의 유전적 위험 소인을 가지고 있는 사람은 흡연, 만성 치주염 질환을 예방하고, 운동은 주기적으로 하는 것이 좋다. 운동은 전체적인 통증을 경감시키고, 이차적으로 생길 수 있는 골다공증 예방에도 도움이 된다. 또 근력을 강화하면 관절을 보호하는 효과도 있다. 근력 강화 운동과 더불어 걷기, 수영, 자전거 타기와 같은 유산소 운동이 좋다.

식단으로는 불포화 지방이 많고 육류와 탄수화물이 적은 지중해 식단을 하는 사람이 그렇지 않은 사람보다 관절염의 위험이 낮다. 비타민 D의 섭취도 류마티스 관절염의 발병을 예방한다는 보고가 있다. 특히 충분한 칼슘 섭취와 함께 항염증 작용이 있는 비타민 C와 풍부한 과일, 채소, 등 푸른 생선을 추천한다.

낭창과 유전자

낭창Lupus은 면역 체계의 이상으로 생기는 자가 면역 질환 중 하나로 전신의 장기와 조직, 혈관계를 침범한다. 결핵성 피부병의 하나로 공식 명칭은 전신 홍반성 낭창Systemic Lupus Erythematous ; SLE이다. 관절과 피부, 신장, 혈액, 심장, 폐 그리고 다른 내부 장기를 다 침범할 수 있으며 환자에 따라 증상이 다양하다.

낭창의 유병률은 대략 인구 10만 명당 15~50명으로 추산되며, 증상이 심한 활성화 시기와 증상이 없는 잠복기 시기가 번갈아 나타난다. 신체의 각 부분이 다 침범될 수 있어 관절통, 근육통, 발열, 피부 반점, 흉통, 손발 부종, 탈모 등 매우 다양한 증상이 복합적으로 나타난다. 염증이 중추신경계에 침범하면 심한 우울증이 생기기도 한다.

낭창의 정확한 발병의 원인은 밝혀지지 않았으나, 유전적 요인이 병의 발생과 깊이 연관 있다. 유전적 원인이 56% 정도로 높은 편이고 비유전적 요인은 44% 정도다.

비유전적 요인으로는 자외선 노출, 과도한 스트레스, 항생제를 비롯한 일부 약물의 부작용을 들 수 있다. 여성의 발생률이 남성에 비해 10배 이상 높으며 여성 호르몬인 에스트로겐이 낭창 발병과 밀접한 관계가 있다고 추정한다.

유전적 원인을 살펴보면, STAT4 유전자의 변이가 위험을 증가시키는 것으로 알려져 있다. 위험 인자가 2개 있을 경우 일반인에 비해 2배, 1개면 1.4배의 위험이 있다. 인종별로는 백인 중 36% 정도가 위험성을 가지고 있고, 동양인은 50% 이상으로 위험성이 높다.

이 외에도 자가 면역 질환과 관련이 있는 다양한 유전자가 낭창의 위험도를 높인다. 관련 유전자로는 BANK1, C4A, C4B, CR2, CRP, DNASE1, FCGR2B, IRF5 TLR5, TNFSF4 등이 알려져 있다.

자외선이 증상을 악화할 수 있기 때문에 햇빛 차단에 신경을 써야 하는데, 그로 인해 비타민 D의 부족을 가져오는 경우가 많으므로 균형 잡힌 식사와 비타민 D와 같은 비타민 보조제의 꾸준한 섭취를 권장한다. 근육량을 유지하기 위해 규칙적인 운동을 해야 하며 피로감과 스트레스 관리 또한 무척 중요하다.

건선과 유전자

건선은 피부에 영향을 주는 자가 면역 질환이다. 이 질환은 면역계가 피부 세포를 병원균으로 오해해 피부 세포에 면역 거부 반응의 시그널을 보냄으로써 발생한다. 유전적 요인, 환경적 요인, 면역학적 요인이 건선의 원인으로 생각된다.

건선의 환경적 유발 요인으로는 피부 외상, 감염, 차고 건조한 피부, 스트레스, 약물 부작용 등이 있다. 피부 건선의 위험을 증가시키는 유전자는 대부분 염색체 6번의 면역 세포를 만드는 HLA 영역에 있다. 특히 HLA-C 유전자형은 건선의 위험성을 최대 20배까지 증가시킬 수 있다고 알려져 있다.

유전자 CARD14의 변이는 가족성 건선 환자에서 발생하는데

이 중에서 마커 rs144475004의 경우, 아시아인에서 6배 정도의 위험을 증가시키는 것으로 보고되었다. POU5F1 유전자의 변이는 중국인 연구에서 22배 이상의 건선 발생 위험을 보였다. 이런 가족성 유전 변이는 그 발생 빈도가 낮지만 변이를 가지고 있는 가족이나 개인에게는 아주 위험성이 높다.

이 외에도 인종에 따라 다른 유전자들이 건선의 위험을 높이는 데 관여하는 것으로 알려져 있다. LCE 유전자와 IL-17, IL23A, JAK 등 면역에 관계하는 유전자도 건선의 위험도와 관련이 있다.

건선을 예방하고 발생의 위험을 낮추려면 실내 온도를 너무 낮거나 높지 않게 하고, 적당한 습도를 유지해야 하며, 실내 공기도 자주 환기해야 한다. 비누 사용을 최소화하고 때를 미는 행동 등 피부에 지나친 자극을 주는 일 역시 피해야 한다. 샤워 후에는 보습제를 충분히 바르는 것이 좋다. 또, 술이나 담배는 물론 맵고 자극적인 음식과 인스턴트식품도 삼가는 게 좋다.

또한 프로바이오틱스는 장 건강에 도움을 주는 유익 균으로, 장내 유해 세균 증식을 막아 면역력을 정상 수치로 조절함으로써 아토피, 건선 같은 피부 질환이나 감염증을 개선하는 것으로 알려져 있다. 특히 비피도박테리움 비피덤*Bifidobacterium Bifidum*과 비피도박테리움 롱검*Bifidobacterium Longum*이 건선을 포함한 아토피와 알레르기 예방과 치료에 도움이 된다고 보고 되었다.

염증성 장 질환과 유전자

염증성 장 질환으로 많이 알려진 것은 궤양성 대장염Ulcerative Colitis 과 크론병Crohn's Disease이다. 궤양성 대장염은 대장에 일어나는 장 질환의 일종으로 대장 점막에 다발적으로 궤양이 생기며, 대장 점막이 충혈되면서 붓고 출혈을 일으키는 질환이다.

크론병은 대장뿐만 아니라 입에서 항문까지 소화관 전체에 걸쳐 어느 부위에서도 발생할 수 있는 만성 염증성 질환이다. 가장 많이 발생하는 곳은 대장과 소장이 연결되는 부위인 회맹부다. 만성 장염이라고 하며 발병 원인은 정확히 알려지지는 않았지만 환경적, 유전적 요인과 함께 자가 면역 이상이 주원인으로 추정된다.

크론병은 젊은 나이인 20~40세 발병률이 제일 높지만, 궤양성 대장염은 나이가 들수록 발병이 증가한다. 불규칙하고 자극성 있는 식사 습관, 과도한 카페인 섭취, 스트레스 등이 관련 있다. 최근에는 서구화된 식단과 생활 습관 변화로 발병 빈도가 급격하게 증가하고 있다.

궤양성 대장염은 대략 23%의 유전적 요인, 77%의 비유전적 요인에 의해서 발병하는데 30세 미만 백인, 특히 유태인 환자가 많다. 여드름 치료 약물인 아쿠테인Accutane의 부작용으로 발생한다는 보고도 있다. ABCB1, IL10RA, IR10RB, IL23R, IRF5, PTPN2 유전자 변이가 궤양성 대장염을 일으키는 데 관여하거나 위험성을 증가시키는 것으로 알려져 있다.

일반적인 유전적 위험 요인을 보면, 다양한 유전자가 관여하는데 그중 IL23R 유전자의 변이 마커 rs11209026의 GG형에 비해 AG형이나 AA형은 위험도가 0.26으로 낮다.

크론병은 ATG16L1, IRGM, NOD2, IL23R 유전자가 발병과 위험성 증가에 관여한다. 이 외에도 장내 미생물 균의 불균형이 염증성 장 질환 등 대장 질환을 일으키는 것으로 추정한다. 즉, 신체 면역 체계가 소화관 내의 특정 박테리아에 의해 건강한 자신의 세포를 공격함으로써 생기는 병인 셈이다.

일부 환자에게 원인으로 보이는 특정 균류와 박테리아가 서식하는 것으로 보고되었다. 따라서 유익한 유산균인 프로바이오틱스가 궤양성 대장염, 크론병 등 염증성 장 질환의 발생을 억제하고 증상을 완화하는 것이 가능한데 그중에서도 락토바실러스 헬베티쿠스*Lactobacillus Helveticus*가 대장 점막 염증 유발 물질을 억제한다. 이러한 염증성 장 질환의 경우 흡연과 지나친 음주가 질병의 발생을 촉진하며, 흡연자의 경우 수술이나 치료 후에도 재발률이 높고 증상이 더욱 악화되기 때문에 예방과 치료를 위해 금연을 해야 한다.

게놈혁명 : 호모 헌드레드 프로젝트

7장
기타 질환과 유전자

Other Disease and Genes

당뇨병과 유전자

당뇨병은 우리나라 성인 인구의 9% 정도가 앓고 있고, 매년 1만 명이상의 환자가 사망하는 대표적인 만성 질환이다. 유전적 요인에 영향을 많이 받아 부모 중 한쪽이 당뇨병 환자일 경우 자녀의 발생 확률은 약 20%이고, 부모 모두 앓는 경우에는 그 위험도 30~50%까지 상승한다. 또한 당뇨병은 아버지 쪽에 의한 유전이 어머니 쪽보다 훨씬 높은 것으로 알려져 있기도 하다.

대한당뇨병학회에 따르면 국내 당뇨병 환자는 320만 명, 당뇨병에 근접한 고위험군은 660만 명으로 당뇨병 인구 1000만 명 시대에 돌입했다. 그러나 아무리 유전적 소인이 있더라도 환경적인 요인이 더해지지 않으면 발병하지 않는다. 즉, 부모로부터 당뇨병의 유전적 소인을 갖고 태어난 사람이 비만, 운동 부족, 스트레스, 잘못된 식습관 등 나쁜 환경에 노출될 때 발병의 위험이 크게 증가하는 것이다.

당뇨병은 크게 제1형 당뇨병, 제2형 당뇨병으로 나눌 수 있다. 제1형 당뇨병은 일종의 자가 면역 질환으로 유전적 위험 요인이 아주 높다. 연구에 따르면 88% 정도가 유전적 요인이고, 12% 정도가 비유전적 요인이다. 제1형 당뇨병 위험 유전자인 HLA-DQA1의 rs9272346은 A형이 위험 인자로, 대략 50%의 환자가 1개의 위험 인자를 가지고 있다. 이 경우 위험도는 6배 정도 증가한다. 그리고 2개의 위험 인자를 가지고 있는 18%는 위험도가 18.5배 정도 높게 나타난다. 특히 남미 쪽 사람들이 제1형 당뇨병의 유전적 위험이 가장 높은 것으로 알려져 있다.

제2형 당뇨병은 주로 성인 당뇨병으로 몸속에서 인슐린을 제대로 사용할 수 없을 때 발생한다. 적절한 치료를 하지 않으면 다양한 장기의 손상을 가져올 수 있다. 제1형 당뇨병과 다르게 제2형 당뇨병은 유전적 요인(26%)보다는 비유전적 요인(74%)이 훨씬 높으며 여성에게 많이 발생한다. 인종적으로는 흑인이나 히스패닉이 백인보다 발생 위험이 높다.

비만, 고지방과 고탄수화물 식단, 운동 부족 역시 제2형 당뇨병의 발병 위험을 높인다. 여성의 경우 임신과 관련된 당뇨병이 발생하는 경우가 많고, 가족력이 있으면 위험성은 더 상승한다.

당뇨병 유전자로 가장 잘 알려진 것은 CDKAL1으로 변이가 있을 경우 발병 위험성을 1.3배까지 높인다. 흑인에서 가장 많은 변이가 발견되는 것으로 알려져 있다. 이 외에도 PPARG, KCNJ11, TCF7L2, PAX4와 FES라는 유전자의 변이가 당뇨병의 위험을 증가시키는 것으로 알려져 있다. 그중 TCF7L2는 거의 모든 인종에서 당뇨병의 위험을 높이는 것이 검증되었고 연구된 유전자 중 가장 영향이 큰 것으로 알려져 있다. 최근 연구에서 PAX4는 동북아시아 당뇨병 환자에서만 위험성을 높이는 것으로 밝혀졌고, FES는 남아시아 당뇨병 환자에서만 변이가 나타나는 특이 유전 요인이다.

당뇨병 위험 유전자를 가진 경우, 미리 식단이나 생활 습관 등을 조절하면 발병을 예방하거나 발병 시기를 늦추는 데 도움이 될 수 있다. 당뇨병을 예방하기 위해서는 40세 이후 매년 공복 혈당 검사를 해보는 것이 좋다. 체질량지수BMI가 23 이상으로 과체중이거나 비만이면 당뇨병에 잘 걸린다.

당뇨병은 음식으로 섭취한 포도당이 체내에 제대로 흡수되지 못하고 혈액을 돌다가 고혈당 상태가 되어 혈관에 다양한 합병증을 발생시키는 것이다. 미세 혈관 합병증으로 망막 출혈로 인한 실명이 올 수 있으며, 콩팥 질환을 일으켜 미세 단백뇨가 나오거나 부종이 발생하고 심해지면 투석을 받게 된다. 말초 신경에도 합병증이 발생해 발가락 감각이 떨어질 수 있고 안면이나 손목, 발목이 마비되기도 한다. 심한 경우 뇌졸중, 심근경색, 족부 괴저를 초래한다.

일반적으로 운동은 당뇨병의 위험을 감소시킬 뿐 아니라 당뇨병 환자의 혈당 강하에 큰 도움을 준다. 특히 대부분 성인의 제2형 당뇨병 환자에게 운동은 혈당 관리에 필수적인 것으로 알려져 있으나 당뇨병 환자 중 20% 정도는 운동이 혈당 관리에 크게 도움이 되지 않는다. 그 이유는 LIPC의 유전적인 차이 때문이라는 연구 결과가 나왔다. 또한 특정 유전 인자를 기지고 있는 사람은 일부 당뇨병 치료 약물에 반응을 잘하는 것으로 알려진 만큼 유전자 기반 맞춤형 치료법을 추천할 수도 있다.

주사제로 사용하는 인슐린을 제외하고 당뇨병 약은 크게 4가지로 나눈다. 인슐린 효과 촉진제Insulin Sensitizer, 인슐린 분비 촉진제Insulin Secretagogue, 알파글리코시데이즈 억제제Alpha-Glycosidase Inhibitor와 GLP-1 작용제GLP-1 Agonist, DDP-4 억제제DPP-4 Inhibitor다. 대표적인 인슐린 효과 촉진제인 메트포르민Metformin은 간에서 포도당 생성을 억제하는 인슐린의 작용을 촉진해 혈당을 낮추어준다. 따라서 간이나 신장의 기능 장애가 있을 경우에는 사용할 수 없다. 메트포르민은 SLC22A1 유전자의 차이에 의해 혈당감소 효과를 다르게 보이고 있고, 특히 백인에게 많이 발견되는 변이를 가진 환자에게는 혈중 글루코스를 더욱 효과적으로 감소시키는 것이 보고되었다. 인슐린 분비 촉진제로 가장 많이 사용하는 설포닐유레아Sulfonylurea의 경우, CYP2C9 유전자의 차이에 의해 혈당 조절 능력이 3~4배 달라지는 것으로 밝혀졌다.

게놈혁명 : 호모 헌드레드 프로젝트

골다공증과 유전자

뼈는 콜라겐, 섬유질과 무기질인 칼슘Ca, 인P으로 구성되어 있다. 중장년층에서 흔히 발생하는 골다공증은 무기물이 빠져나가 정상적인 뼈에 비해 구멍이 많이 난 상태를 말한다. 폐경, 노화 등 여러 가지 원인에 의해 발생하고 뼈가 매우 약해져서 쉽게 부러지게 된다. 골절로 이어지기 전에는 특별한 증상이 없기 때문에 환자 스스로 알아차리기 쉽지 않지만 골절 위험이 급격히 증가하고 골절 시 사망률이 8배 이상 높아지기 때문에 예방과 조기 진단이 무엇보다 중요하다.

골다공증은 대략 62%의 유전적 요인과 38%의 비유전적 요인이 함께 작용하는 것으로 알려져 있다. 골다공증의 비유전적 요인으로는 연령, 성별, 인종적 차이가 있다. 또한 뼈가 가늘고 저체중이거나 조기 폐경으로 인해 여성 호르몬이 감소한 경우, 고환 기능의 약화로 남성 호르몬 분비가 감소한 경우 많이 발생한다. 부신피질 호르몬제, 갑상선 호르몬제, 항응고제, 항경련제 등의 약물을 장기 복용한 경우나 쿠싱 증후군, 갑상선 기능 항진증, 위장관 수술, 만성적인 염증, 칼슘 섭취량 부족의 경우도 발병률이 증가된다. 또 지나친 음주와 흡연, 운동 부족 등이 원인이 되기도 한다.

인종적으로는 동양인이 위험성이 가장 높고, 다음은 백인이며, 흑인이나 히스패닉은 낮은 것으로 알려져 있다. 남성보다 여성에서 골다공증이 높게 나타나는데 에스트로겐 농도가 낮아지는 것이 여성 골다공증의 주원인으로 알려져 있다. 남성의 골다공증은 낮은 테스토스테론 수치와 관련이 있다. 또 갑상선 호르몬 과잉으로 위험률이 올라가거나 칼슘과 비타민 D, 인의 부족이 원인이 될 수도 있다.

골다공증의 위험을 높이는 유전적 요소로는 LRP5 유전자가 잘 알려져 있다. 1개의 위험 인자를 가지고 있을 때 상대적인 위험이 1.33배이고, 2개의 변이를 가지고 있는 사람은 1.66배인 것으로 알려졌다. 전체적으로 일반인의 23%가 위험 인자를 가지고 있지만 동양인은 50% 정도가 발병 위험이 높은 위험 유전 인자를 가지고 있는 반면 흑인은 5% 이내다.

골다공증은 특히 예방에 신경 써야 한다. 골다공증의 가족력이 있고 발병 위험이 높은 사람도 예방법을 잘 시행하면 그 위험을 크게 낮출 수 있다. 골다공증의 예방은 칼슘과 비타민 D가 풍부한 균형 잡힌 식단이 중요하다. 칼슘의 경우 50세 미만은 하루 1000mg, 50세 이상은 1200mg을 섭취하는 것이 도움이 된다. 이때 칼슘만 섭취하면 흡수가 제대로 되지 않기 때문에 체내 흡수는 물론 뼈의 성장에도 도움을 주는 비타민 D와 함께 복용하는 것이 추천된다. CASR 유전자에 변이가 있는 사람은 생체 칼슘의 흡수에 영향을 받기 때문에 칼슘의 함유량이 높은 음식이나 고농도의 칼슘 제제를 먹을 것을 권장한다. 또한 GC 유전자에 변이가 있으면 비타민 D의 혈중 농도가 낮은 경우가 많기 때문에 개인의 유전자에 따라 골다공증 예방 계획을 세워야 그 효과를 최대화할 수 있다.

소금 섭취량이 높으면 소변을 통해 배출되는 칼슘의 양도 늘기 때문에 가능한 한 저염식이 도움이 된다. 뼈의 주성분인 콜라겐의 보충을 위해 충분한 단백질 섭취도 중요하다. 지나친 커피와 탄산음료, 알코올 섭취는 칼슘을 뼈 밖으로 빼내기 때문에 그 양을 줄이거나 자제하는 것이 좋다. 그리고 스테로이드제나 프레드니손Prednisone과 같은 코르티코스테로이드Corticosteroid류의 약은 뼈를 만드는 조골 세포의 활동을 방해하고 칼슘의 장내 흡수를 저해한다. 이러한 약물을 장기 복용하는 천식, 류마티스 관절염 환자의 경우 골다공증의 위험이 상당히 증가하기 때문에 발병 위험이 높은 사람은 의사와 상의해서 대체 약으로 처방하도록 한다.

적절한 운동, 특히 하루 20분 이상의 야외 활동도 권장하는 바다. 야외 활동은 뼈를 지탱하는 근력을 강화할 뿐 아니라 비타민 D 의 합성을 도와 칼슘의 혈중 농도를 증가시키고 뼈의 생성을 촉진한 다. 골다공증은 왜소하고 마른 사람에게 많이 나타나는 질병으로 지 나친 다이어트는 발병 위험을 크게 증가시킨다. 이 외에도 미끄러운 바닥이나 계단 등에서의 낙상을 항상 주의하고 과격한 신체 활동은 피하는 게 좋다.

게놈혁명 : 호모 헌드레드 프로젝트

골관절염과 유전자

흔히 퇴행성 관절염이라 부르는 골관절염은 관절 질환 중 가장 많이 발생한다. 뼈의 관절 면을 감싸고 있는 관절연골이 마모되어 연골 부위의 뼈가 노출되고 관절 주변의 활액막에 염증이 생겨서 통증과 변형으로 이어지는 질환이다. 골관절염은 37% 정도의 유전적 요인과 63% 정도의 비유전적 요인에 의해 발생한다. 여성이 남성보다 발생율이 높고, 비만인에서 많이 발병한다. 나이에 따라 위험도가 함께 증가한다. 뼈나 관절에 문제를 가지고 태어난 사람에서 더 많이 발생하고, 관절에 부상을 입은 적이 있는 경우 나이가 들면서 골관절염이 생기기 쉽다. 또한 당뇨병이나 통풍 파제트병Paget's Disease은 변형성 골염 환자에서 많이 발생한다고 보고되어 있다. 반복적인 동작을 하는 직업군에서도 많이 발생한다.

골관절염의 위험을 증가시키는 유전자로 알려진 COG5는 백인의 경우 62%는 일반적인 위험성을 보이고, 33% 정도는 다소 증가된 위험, 5% 정도는 높은 위험을 보인다. 이 외에 ALDH1A2, ASTN2, COL11A1, DOT1L, GDF5, MCF2L, NCOA3 유전자도 골관절염의 위험과 연관이 있다.

퇴행성 관절염을 예방하는 데 가장 중요한 것은 적당한 체중을 유지하는 것이다. 관절에 무리가 가는 동작을 하지 않고, 관절 주변 근력을 강화하는 운동을 하면 예방에 도움이 된다. 보조기나 보호 장비를 착용하는 것도 좋다.

퇴행성 관절염은 치료보다 관리가 더 중요하다. 조기에 적절한 치료와 함께 잘 관리하면 병의 진행을 상당히 늦출 수 있다. 위험 요소 중에서도 담배는 관절 및 뼈에 치명적이기 때문에 금연을 해야 한다. 또한 뼈의 건강을 유지할 수 있게 칼슘과 비타민 D를 충분히 섭취한다. 일상생활에서는 같은 자세를 30분 이상 취하지 말고 틈틈이 스트레칭을 하는 것도 도움이 된다. 바닥에 앉는 좌식보다는 의자를 사용하는 입식 생활을 하기를 권장한다.

황반변성과 유전자

노인성 황반변성Age-related Macular Degeneration ; AMD은 나이가 들어감에 따라 발병률이 급격히 증가한다. 65세 이상 노인 실명 질환 1위로 알려진 황반변성은 망막의 중심부에 위치한 황반에 이상이 생겨 시력이 급격히 떨어지는 병이다. 국내 황반변성 환자 수는 급격히 증가했다. 건성 노인성 황반변성은 노화에 의해 황반 조직이 얇아지거나 위축되면서 손상되는 것으로 한국인의 노인성 황반변성은 대부분 건성이다. 이에 비해 습성 노인성 황반변성은 드물게 발생하는 편이지만 황반부의 신생 혈관으로부터 누출된 혈액이나 산출물로 인해 시력이 현저히 떨어지게 되고 실명하기까지 한다. 국내의 황반변성 발병률은 40세 이상에서는 5.5%이나, 60세 이상에서는 약

12%, 75세 이상에서는 30%로 아주 높다. 최근 이 노인성 황반변성에 대해 바이러스를 이용한 타깃 유전자 치료가 성공적이었다는 발표가 있어 다가올 황반변성의 치료 시대가 기대된다.

노인성 황반변성은 유전적 요인과 비유전적 요인의 상호 작용으로 시작된다. 비유전적 요인에는 흡연, 노화, 높은 콜레스테롤, 자외선 노출, 낮은 항산화 기능 등이 있으며, 이 중 흡연에 의한 위험도가 가장 높다.

유전적 요인에 의한 황반변성은 70% 정도로, 발병 위험에 영향을 주는 유전자는 APOE, CFH, ARMS2가 있다. 치매와 심혈관 질환을 높이는 것으로 잘 알려진 APOE-4형은 2형이나 3형에 비해서 노인성 황반변성의 실명 위험률을 오히려 낮추는 것으로 밝혀져 흥미롭다.

한국인을 포함한 동양인에서 가장 많이 발견되는 변이인 ARMS2 유전자 변이는 황반변성 발병의 위험을 1개의 염색체에 변이가 있을 경우 3배 높이고, 2개는 8배 이상 증가시키는 것으로 알려져 있다.

현재 의학으로서 황반변성은 일단 발병하면 치료를 기대하기 어려운 상황이다. 그런 만큼 예방적 차원에서 적절한 조치를 취하고, 발병 시에도 조기에 발견해 병의 진행에 따른 시력 상실을 최소화하거나 지연하는 것이 중요하다.

미국 국립안과연구소National Eye Institute에서 10여 년간의 연구를 통해 황반변성의 예방과 치료를 위한 눈 영양제를 개발하고 임상 실험을 통해 그 효능을 인정받은 ARED2Age-Related Eye Disease study 2 요법이 잘 알려져 있다. ARED2 요법은 항산화 비타민 종류인 비타민 A의 지아잔틴Zeaxanthin과 루테인Lutein, 아연을 영양 보조제로 꾸준히 복용하는 것이다. 이는 황반변성의 예방뿐 아니라 진행을 지연시키는 데도 효과가 있는 것으로 밝혀져 이미 발병한 환자뿐만 아니라 그 위험이 높은 사람들에게도 예방적 차원에서 꾸준히 섭취할 것이 적극 권장된다.

최근 루테인의 강력한 항산화 기능이 황반변성 예방 및 병의 진행을 지연시킬 뿐만 아니라 시력을 보호하고 눈의 건강을 유지하는 데도 도움이 많이 되는 것이 알려지면서 눈 영양제로 관심을 받고 있다. 이러한 루테인은 카로티노이드 성분의 하나로 인체에서 합성되지 않고 음식을 통해서만 체내로 흡수되며, 대부분 눈의 망막과 수정체에 축적되어 강한 자외선의 외부 자극으로부터 노출되는 청색광을 흡수해 눈을 보호해준다. 루테인이 많이 포함된 식품은 녹황색 채소인 시금치나 브로콜리, 케일, 양상추, 호박, 콩, 그리고 일부 해조류 등이 있다.

반면에 신생 혈관이 생기는 습성 노인성 황반변성의 경우 레이저 치료를 시행하면 급속한 악화를 막을 수 있다. 치료법으로는 광역학 치료법Photodynamic Therapy, 항혈관 성장인자 항체 주사법을 비롯해 온열 요법, 방사선 요법, 수술 치료 등이 시도되고 있다.

NEI 추천 눈 영양제(ARED2 Study)		
영양소	추천량	권장
비타민 C	500mg	60mg
비타민 E	400IU	30IU
아연(Zinc)	80mg	15mg
구리(Copper)	2mg	2mg
루테인(Lutein)	10mg	
제아잔틴(Zeaxanthin)	2mg	

미국 국립 국립안과연구소에서 발표한 ARED2 눈 영양제의 구성. ARED2 연구에서 눈 영양제가 황반변성의 진행을 늦추거나 예방할 수 있는 것으로 알려졌다.

일상적인 예방법을 알아보면, 황반변성의 위험이 있는 사람의 경우 눈 부분의 자외선 차단에 특히 신경을 써야 하므로 외부에 나갈 때는 항상 선글라스를 착용하도록 한다. 실내에서도 형광등이나 TV에서 나오는 자외선을 차단하기 위해 보호 안경을 쓰는 것이 도움이 된다. 특히 스마트폰과 컴퓨터의 지나친 사용을 자제하고 눈의 피로를 자주 풀어주어야 한다. 눈의 피로 해소를 위한 안구 운동으로 눈을 좌우, 아래위로 회전하고 지압과 초점 바꾸기를 습관화하는 것도 많은 도움이 된다.

게놈혁명 : 호모 헌드레드 프로젝트

녹내장과 유전자

녹내장은 40대 이상 성인 50명 중 1명꼴로 발생하며 전체 실명 원인의 11%를 차지할 정도로 흔하고 치명적인 질환이다. 한국의 녹내장 환자는 2011년 52만 5000명에서 2015년 76만 7000명으로 4년 사이 46% 증가했다. 녹내장은 안압의 상승으로 인해 시신경이 눌리거나, 혈액 공급에 장애가 생겨 시신경이 손상되면서 시야 장애가 일어나는 병이다. 13% 정도의 유전적 위험 요인과 87% 정도의 비유전적 위험 요인으로 인해 발생한다고 알려져 있다.

비유전적 요인으로는 노화, 안압, 얇은 각막, 고혈압, 근시, 당뇨병, 에스트로겐 부족 등이 있으며 눈의 부상이나 수술을 했던 경우도 위험성이 증가되는 것으로 알려져 있다. 흑인이나 히스패닉에서 발병률이 높게 나타나며 가족력이 있는 경우 위험성이 커진다.

녹내장의 위험을 높이는 유전자 변이로는 CDKN2B-AS1과 TMCO1이 알려져 있고, 두 유전자의 리스크를 합쳤을 때 대략 20%의 사람이 낮은 위험도를, 75% 정도가 평균 위험도를, 그리고 5% 정도가 높은 위험도를 가지고 있다.

본인의 녹내장 위험 요소가 많을 때는 40세 이후에는 6개월에 한 번씩 안과에서 안압 측정, 시신경 유두 검사, 시신경 영양 분석, 시야 검사, 각막 두께 확인 등을 받도록 한다. 특히 라식이나 라섹 수술을 받은 경우 안압 측정만으로는 질병을 발견하기 어렵기 때문에 종합적인 검진을 받도록 한다.

녹내장은 발생하면 치료가 어렵고 한 번 망가진 시신경은 원래대로 회복이 어렵기 때문에 발병 시 현 상태에서 시야 손상을 늦추거나 최소화할 수밖에 없다. 이 때문에 가장 효과적인 것은 발병하기 전 예방하는 것이다.

녹내장을 예방하기 위해서는 평상시 넥타이와 허리띠 등을 느슨하게 매 안압의 상승을 막고 질산염 함량이 높은 시금치, 상추 등의 섭취를 늘리며, 엎드려 자지 않는 습관을 가질 필요가 있다. 엎드려 잠을 자면 안압이 높아져 녹내장 발병 위험이 커진다. 또한 카페인 성분이 다량 함유된 에너지 드링크는 혈압을 상승시켜 안압을 높이고 녹내장 위험을 증가시키므로 가능한 한 피해야한다.

치아 질환과 유전자

예로부터 오복 중 하나가 치아 건강이라 했듯이 나이가 들수록 치아나 잇몸 관리가 중요하다. 100세 장수 시대를 살아가는데 치아 관리를 소홀히 해 임플란트나 틀니 같은 의치를 사용해야 하는 경우 불편함이 따르는 것은 물론이고, 잘 씹지 못해 소화기 문제를 포함한 다른 질병이 함께 발생할 수 있다.

이 중 충치는 치아에 발생하는 가장 흔한 질환의 하나다. 평소 이를 잘 닦는데도 불구하고 충치가 잘 생기는 사람이 있고, 반대로 구강 관리에 별로 신경을 쓰지 않아도 튼튼한 치아를 유지하는 사람도 있다. 충치는 유전적 요인과 비유전적 요인이 합쳐 발생하는 것으로 알려져 있다. 최근 들어 충치의 위험을 증가시키는 유전적 변이에 대한 다양한 연구가 있었다. 치아의 생성에 관여하는 BMP7, AMELX, AQP5와 ESRRB, KRT75 유전자가 충치의 발생에 영향을 미치고, 일부 변이가 충치의 위험을 높이는 것으로 여러 연구에서 증명되었다. 특히 케라틴 단백질을 만드는 KTR75의 유전자의 변이를 가진 사람은 치아를 보호하는 법랑질이 쉽게 손상되면서 충치가 진행된다. 최근 AMELX Amelogenin X 유전자의 변이와 충치 발생의 상관관계도 보고되었다.

치과 영역에서 유전성이 강한 질환 중 하나는 급진성 치주염이다. 치주염은 42% 정도의 유전적 요인과 58% 정도의 비유전적 요인이 함께 작용해서 발병한다. 비유전적 요인으로는 치석, 서툰 구강 관리, 흡연, 당뇨, 노화, 음식, 스트레스, 면역 억제제 사용, 침의 감소 등이 알려져 있다. 임신이나 피임약 사용으로 인한 호르몬 변화, 고르지 않은 치아, 낡은 치과 보정물 또한 관련이 있다.

유전적 요인으로 밝혀진 것은 IL1B 유전자로 변이를 가지고 있는 45% 정도의 사람에게 약 1.5배 정도의 위험도가 증가하는 것으로 파악되고 있다. 칼슘 결합 단백질 Calcium-Binding Protein A8인 S100A8 유전자 변이도 동양인을 상대로 한 연구에서 치주염의 발생을 높이는 것으로 알려졌다.

치주염을 유발하는 구강 세균 중 프로피로모나스 진지발리스 Porphyromonas Gingivalis는 혐기성 세균으로 주로 구강에서 발견되며 치주염과 구강암 발생 위험을 증가시킨다. 또한 심혈관 질환, 뇌졸중, 치매, 류마티스, 당뇨병, 위암의 위험도 함께 높인다. 최근 연구에서 구강 내 진지발리스를 치료하거나 예방하기 위해서는 유산균으로 잘 알려진 락토바실러스 가세리*Lactobacillus Gasseri*가 효과를 보인다는 연구가 발표되었다. 락토바실러스 브레비스*Lactobacillus Brevis*는 잇몸병인 베체트병의 예방과 치료에도 효과를 준다. 결국 유해균을 예방하고 나쁜 세균을 치료하는 데 가장 효과적인 것은 바로 프로바이오틱스와 같이 몸에 유익한 세균인 것이다. 유익균이 구강에서 번성하면 유해균이 더 이상 자라지 못하게 된다. 이 중 락토바실러스 가세리는 모유에 많이 들어 있는 유산균으로 모유 수유가 평생 구강 건강에 도움을 줄 수 있다. 이 외에도 락토바실러스 살리바리우스*Lactobacillus Salivarius*는 구강 서식 병원성 세균을 억제해 구취 제거에 효과적이다.

참고로 구강 입 냄새를 없애기 위해 사용하는 구강 세척제는 일시적인 구취 제거에 효과가 있더라도 유해균과 함께 유익균까지 죽이며, 오히려 유해균이 더 쉽게 자라는 환경을 조성할 수 있다. 따라서 사용을 억제하거나 최소화하기를 추천한다. 항생제 역시 일시적으로 세균을 치료하는 데는 도움이 되지만 남용에 따른 부작용을 주의해야 한다.

치아 관리와 진화 유전학

사람만이 유일하게 주기적으로 치아 관리를 하는 동물이다. 사람 이 외에 모든 동물은 칫솔질도 안 하고 따로 구강 관리를 하지 않아도 평생 건강한 치아와 잇몸을 유지할 수 있다. 그렇다면 인간은 왜 치 아를 계속 관리하지 않으면 충치 같은 질병이 생겨 제대로 된 치아 상태를 유지하기 어렵게 된 것일까?

환경적으로 가장 중요한 요인은 자연계에 사는 동물들은 설탕 이나 소금과 같은 식품 첨가물이 들어간 음식을 거의 먹지 않지만, 현대인은 이런 첨가물이 없는 식단은 생각할 수조차 없게 된 데 있 다. 이러한 식단의 변화는 인류에게 불과 몇십 년도 안 되는 사이에 일어난 일이다. 진화에 의한 유전자는 이러한 급격한 변화에 적응할 시간적인 여유가 없었다. 이 때문에 인간은 할 수 없이 죽을 때까지 치아를 관리해야 하는 것이다.

Part III

8장
나의 유전자로부터
시작되는 웰빙

Wellbeing from My Genes

비만과 유전자

만병의 근원이라고 일컬어지는 비만. 유전자는 비만과 어떤 관계가 있을까?

몸은 만성적으로 필요한 에너지보다 더 많은 에너지를 섭취할 경우, 소모되지 않은 에너지를 지방 등의 형태로 전환해 비축한다. 이로 인해 체중 증가와 복부 비만 등이 나타나게 된다. 이전에는 비만을 단순히 개인의 체형 중 하나로 단순히 생각했지만 최근 의학계와 과학계에서는 비만이 여러 가지 생활습관병을 유발하는 것에 대해 주목해 비만 그 자체로도 위험한 하나의 질병으로 여긴다.

일부 특이한 질환에 의해 비정상적으로 비만이 되는 경우를 제외하고 일반인들의 경우 비만 유전자라는 표현은 잘못된 것이다. 비만을 일으킬 가능성이 높은, 비만과 연관성 있는 유전자형이라고 하는 것이 맞다. 최근 전 세계의 비만 인구는 약 5억 명에 달한다. 미국 성인의 66%가 과체중이거나 비만이며, 한국인도 서구화된 식습관과 실외 활동의 감소로 지난 10년간 비만이 꾸준히 증가했다. 한국인의 비만 유병률은 2015년 기준 33.2%로 밝혀졌다. 비만은 각종 심혈관계 질환과 당뇨병, 관절통, 골관절염 및 다양한 암의 발병을 증가시키는 것으로 확인됐다. 최근에는 소아비만 환자가 늘면서 소아의 대사 증후군 위험 또한 높아졌다.

비만의 원인은 크게 일차성(원발성) 비만과 이차성 비만으로 나누어볼 수 있다. 일차성 비만은 전체 비만의 90% 이상을 차지하는 것으로, 에너지 섭취량과 소모량의 불균형에서 오는 일반적인 비만을 말한다. 이차성 비만이란 특수한 질환이나 약물 혹은 일부 유전적 질환에 의해 발생하는 비만을 가리킨다.

일차성 비만은 식습관, 생활 습관, 연령, 인종, 사회 경제적인 요인, 유전, 신경 내분비 변화, 장내 미생물 환경, 화학 물질, 독소 등 다양한 위험 요인이 복합적으로 관여해 발생한다. 따라서 비만을 어떤 한 가지 원인만으로 설명하기는 어렵다. 최근 유전학의 발달에 힘입어 비만과 관련이 있는 유전자가 50여 개 밝혀졌지만 각각의 유전자는 대부분 비만 발생에 미미한 영향을 미친다. 하지만 여러 유전자에 변이가 함께 있거나 일부 가족성 비만 관련 유전자가 있는 경우 큰 영향을 받는다. 비만은 여러 유전자가 종합적으로 관여하는 다인자Multifactorial 복합 요인으로 인해 발생하기 때문에 유전자와 개인의 환경과 생활 습관이 함께 작용해 최종적으로 비만을 야기시키는 것이라 보면 된다.

최근 일부 연구에서는 유전자가 체중을 결정하는 데 70%까지 기여하고, 생활 습관이나 식단이 30% 정도라고 본다. 유전적 비만은 크게 두 가지 기작으로 나누어볼 수 있다. 하나는 비만과 관련된 지방 또는 탄수화물 대사와 그 분해에 관여하는 것이고, 다른 하나는 식욕과 연관이 있다. 지방 대사에 관여하는 유전자로 가장 잘 알려진 것은 PPARG와 FABP2이다. 이 유전자가 활성화되면 지방 세포를 만들고, 심하게 되면 비만과 심장병, 당뇨병을 일으킨다. 이러한 유전자 변이에 의한 비만일 경우 가장 효과적인 다이어트 방법은 불포화 지방의 섭취를 높이고 포화 지방을 낮추는 것이다.

유전자 ADRB2는 지방을 분해하는 데 중요한 역할을 하고 탄수화물의 민감성에 관여하는 단백질을 생성한다. 이 유전자의 변이가 일부 환자의 대사 증후군을 일으키고 당뇨병과 심장병 발병을 증가시킬 뿐 아니라 복부 비만과도 관계가 높은 것으로 알려져 있다. 변이가 있는 사람은 비만을 관리하기가 일반형 유전자를 가지고 있는 사람보다 훨씬 어렵다.

비만과 연관이 있는 대표적인 유전자 중 하나인 FTO 유전자Fat Mass and Obesity Associated Gene는 식욕을 촉진하는 역할을 한다. 반면 LEPRLeptin Receptor이라는 유전자에 의해 생성되는 수용체 단백질은 식욕 조절 호르몬인 렙틴Leptin과 결합해 식욕을 억제한다. 그런데 이러한 유전자가 과다 발현되거나 변이가 일어나 제대로 기능을 하지 못하는 경우 식욕이 증가해 비만으로 진행된다.

몸의 지방 세포에서 방출하는 식욕 억제 호르몬 렙틴과 식욕 자극 호르몬 그렐린Grelin 같은 식욕 조절 호르몬이 특히 식욕 및 식탐과 관련이 있다. 그렐린과 렙틴 유전자는 배고픔과 포만감을 조절하는 주요 호르몬을 생성하는 유전자다. 그렐린은 주로 위 점막의 신경내분비 세포에서 합성되며 뇌가 배고픔을 느끼게 해 음식 섭취를 유도한다. 반면 렙틴은 지방 세포에서 분비되며, 체지방을 일정하게 유지하기 위한 식욕 억제 호르몬이다. 이러한 식욕 조절 기작에 기인한 비만 치료제는 대부분 중추신경계에 작용해 식욕을 조절함으로써 비만을 낮추는 효과를 얻는다. 하지만 중추신경계 작용 약물은 효과는 좋지만 뇌에 직접 영향을 주기 때문에 다양한 부작용을 일으킬 수 있다.

비만 위험도와 가장 연관이 높은 유전자인 FTO의 경우 변이가 있다 해도 운동을 규칙적으로 하는 사람은 비만인 비율이 훨씬 낮은 것으로 알려졌다. 연구에 따르면 규칙적인 운동은 비만 유전자의 영향력을 30% 이상 감소시킬 수 있다. 최근 FTO 유전자 변이가 음식 충동 자극과 선택에도 영향을 미친다는 연구 결과도 나왔다. FTO 유전자에 변이가 있으면 충동, 식감과 미각을 관장하는 뇌 부위의 기능이 변하게 된다고 밝혔다. 이 연구 결과를 볼 때, FTO 유전자 변이가 있는 사람은 그렇지 않은 사람에 비해 충동적으로 음식을 먹는 경우가 많고, 지방을 다량 함유한 음식을 선호하는 것으로 나타났다.

이렇듯 최근 연구에서는 유전자에 기반을 둔 특별한 식이 조절이나 운동을 했을 때 높은 다이어트 성과를 이루는 것으로 알려졌다. 연구자들은 유전 인자를 5가지로 구분해서 가장 효과적으로 살을 뺄 수 있는 운동과 식단 방법을 추천하는 등 개인의 유전자에 기반을 둔 맞춤 다이어트법을 제시하고 있다. 이 유전자 기반 맞춤 다이어트 방법에 따르면 대부분의 사람은 살을 빼기 위해 고도의 집중된 운동을 하고 저지방식을 하는 것이 가장 효과적이지만 개인의 유전자형에 맞춰 각기 다르게 시행하는 것이 더욱 효과가 있다. 또한 최근 프로바이오틱스를 대상으로 한 연구에서 락토바실러스 카세이*Lactobacillus casei*가 체중 증가를 억제하고 식후 혈당을 저하시키는 효과가 있는 것으로 밝혀져 프로바이오틱스를 이용한 다이어트도 주목을 받고 있다.

구분	유전자형		%	GENES	SNPS
운동	유전적 우위; 모든 운동에 다 효과적인 형		12%	ADRB3	rs4994
	유전적 불균형; 고도의 집중된 운동을 해야 하는 형		88%	ADRB2	rs1042713
식단	유전적 우위; 모든 식단 조절이 다 맞는 형		16%	PPARG	rs1801282
	유전적 불균형; 저탄수화물 식단이 가장 효과적인 형		39%	FABP2	rs1799883
	유전적 불균형; 낮은 지방식 식단이 가장 효과적인 형		45%	ADRB2	rs1042714

지방 민감성	탄수화물 민감성	운동 민감성	다이어트 추천	
PPARG / FABP2	ADRB2 / ADRB3	FTO	음식	운동
W	W	W	균형	평균 운동
W	M	W	저탄수화물 식단	평균 운동
W	M	M	저탄수화물 식단	강한 운동
W	W	M	균형	강한 운동
M	W	W	저지방 식단	평균 운동
M	M	W	저지방 / 저탄수화물 식단	평균 운동
M	W	M	저지방 식단	강한 운동
M	M	M	저지방 / 저탄수화물 식단	강한 운동

유전자형에 따른 운동과 식단 추천. 대부분의 사람은 고도의 집중된 운동과 낮은 저지방 식단이 비만을 관리하는 데 가장 효과적이다. 하지만 본인의 유전자형에 따라 다른 방법을 쓰는 것이 더욱 좋은 효과를 볼 수 있다. W: Wild Type(정상형), M: Mutant(변이형)

비만 예방을 위한 습관

1. 취침 전과 밤중에 먹는 습관을 피한다.

2. 섬유질 섭취를 늘린다(식이 섬유질은 공복감을 줄여주고 포만감을 준다).

3. 밀가루, 가공식품 등의 섭취를 줄인다.

4. 매일 1.5~2L의 물을 마신다(물을 식전에 마시면 식욕 감소를 돕는다).

5. 적절한 체중 유지를 위해 하루 식사량의 칼로리와 소비하는 양의 균형을 맞춘다.

6. 신선한 과일과 생채소를 많이 섭취한다.

7. 규칙적이고 충분한 운동을 한다.

8. 유전자 검사로 선천적 비만의 원인과 그에 맞는 다이어트 및 운동 전략을 세운다.

운동과 유전자

규칙적인 운동은 건강한 삶을 위해 반드시 필요하다. 전문가들은 적어도 일주일에 3번, 한 번에 30분 이상 꾸준히 운동하기를 권장한다. 비만 치료와 관리를 위해서도 운동은 필수적이다. 하지만 어떤 사람은 운동으로 살을 빼는 것이 쉬운 반면, 또 다른 사람은 운동을 해도 잘 빠지지 않는다. 같은 시간을 들이더라도 어떤 운동을 어떻게 했느냐에 따라 그 결과는 개인마다 크게 달라질 수 있는데 이러한 차이는 유전자에 의한 것으로 알려졌다.

운동은 보통 무산소 운동인 근력 운동과 유산소 운동인 지구력 운동으로 나눌 수 있다. 무산소 운동은 주로 근육을 단련하는 운동으로 흔히 웨이트 트레이닝이라고 한다. 유산소 운동은 필요한 에너

게놈혁명 : 호모 헌드레드 프로젝트

지를 산소 대사를 통해 얻는 방식으로 걷기, 등산, 달리기, 수영, 자전거 타기 등이 있다. 유산소 운동은 지방을 연소시키는 데 효과적이기 때문에 다이어트에 많이 병행하며, 심폐 지구력 향상에 큰 효과가 있다.

　개인에 따라서 어떤 운동방법이 비만관리에 가장 좋은 효과를 주고 건강을 유지하는 데 도움을 주는지에 유전자가 관여한다. 근육 운동에 강한 사람은 지구력 운동에 전반적으로 약하고, 반대로 지구력 운동을 잘하는 사람은 강한 근육 운동이 비효과적일 수 있다는 것이 ACTN3 유전자 연구에서 밝혀졌다. ACTN3 유전자는 빠르게 반응하는 섬유 근육 세포에 활성되는 유전자로 변이가 있는 사람은 지구력 운동에 더 적합하다. 주로 축구 선수, 단거리 수영 선수, 스피드 스케이트 단거리 주자 같은 운동선수에서 많이 발견된다. 반면 지구력에 관계된 ACTN3 유전자형은 마라톤 선수, 장거리 사이클링 선수, 장거리 수영 선수 등에서 주로 관찰된다. 또한 운동 시 근육의 에너지 대사에 관여하는 ACE 유전자와 EPAS 유전자도 운동선수의 실적과 상관관계가 있는 것으로 알려졌다.

　이처럼 개인의 유전형에 기인한 운동을 하는 것이 운동의 효과를 극대화할 수 있고, 심리적 만족을 증대시킬 뿐 아니라 운동에 의한 피로와 좌절도 줄일 수 있다. 이를 뒷받침하는 연구 결과가 속속 발표되고 있다. 운동과 각종 질병 예방과의 역학 관계를 조사하기 시작하면서 개인의 유전자 차이를 바탕으로 이에 맞춰 운동을 하면 질병에 대한 예방이나 증상 완화에 효과가 높다는 것이 알려진 것이다. 즉, 같은 시간, 같은 노력을 들여 운동을 해도 그 결과가 제각각인 것은 개인마다 다른 유전자의 차이에서 비롯된 것이라는 말이다.

다이어트 성공을 위해 운동에 더 집중해야 하는지, 음식의 양을 줄이고 식단에 더 신경을 써야 하는지 역시 유전자의 영향을 받는다. 당뇨병, 심장 질환, 빈혈, 콜레스테롤 강하를 위한 운동의 효과가 개인에 따라 각각 다른데, 이 또한 많은 부분이 유전적인 차이에서 기인한다.

최근 운동을 좋아하고 싫어하는 성향도 유전적 영향이 강하다는 연구 결과가 나왔다. 2016년 「생리 유전학」 학술지의 발표에 따르면 운동 후 느끼는 감정적 반응에 대한 유전성을 입증했다고 한다. 운동을 통해 자기 만족감과 성취감을 얻는 사람이 있는 반면, 운동이 힘들기만 하고 보람 없다고 생각하는 사람도 있는데 이런 운동에 대한 감정적 반응의 차이 역시 유전적 요인에 따라 다른 것으로 결론지었다. 그러므로 만약 자녀가 운동에 대한 만족도가 높지 않다면 부모는 자녀들이 어릴 때부터 운동을 좋아할 수 있도록 좀 더 적극적인 지도와 훈련을 함으로써 좋은 운동 습관을 길러주어야 한다. 특히 비만으로 발전할 성향이 높은 유전자를 가지고 태어난 사람이나, 심혈관 질환, 당뇨, 치매의 위험성이 높은 사람은 어려서부터 운동에 관심을 가질 수 있도록 유도해야 한다.

물론 운동에 의해 DNA 염기 서열이 바뀌지는 않는다. 하지만

운동 특성	관련 유전자
파워 근육 타입	ACTN3
근력 운동 적성 타입	INSIG2
지구력 운동 적성 타입	PPARD, LPL, LIPC
폐활량	PPARGC1A, CRP
운동과 비만	ADRB3, FTO
운동에 의한 부상	MMP3
운동에 의한 혈압 강하	EDN1
운동과 고밀도 콜레스테롤	PPARD
운동과 근육 지방	LPL
운동과 인슐린 민감성	LIPC
운동과 국소 빈혈	CCL2

운동과 관계된 유전자. 본인의 유전 인자를 고려한 운동이 최상의 효과와 최대한의 만족을 줄 수 있는 것으로 알려졌다.

운동을 통해 DNA 염기가 화학적으로 변화되어 메틸화라는 후성 유전체에 변화가 일어나고, 이러한 변화는 운동을 습관으로 만들 수도 있는 것이 밝혀졌다. 이는 운동을 하게 되면 후천적으로 건강에 도움이 되는 체질로 바뀔 수 있다는 말이다. 운동 후 골격근에서 취한 DNA를 분석해보니 운동 전보다 후에 DNA 메틸군Methyl Group이 작은 것으로 나타났다. 이런 메틸군의 변화는 근육 운동에 적응하는데 중요한 유전자를 활성화할 수 있다. 결국 운동에 대한 만족도도 점차 높아지고, 운동을 잘할 수 있는 구조로 몸을 변화시킬 수 있게 되는 것이다.

우유와 유전자

우유는 각종 영양소가 골고루 들어 있기 때문에 생체 방어 기능뿐 아니라 조절 기능까지 우리 몸을 건강하게 지키는 다양한 역할을 한다. 칼슘을 많이 함유해 아이들의 성장 발육에 도움을 줄 뿐 아니라 골다공증, 퇴행성 관절염, 류마티스 관절염을 예방할 수 있다. 우유의 성분에 포함되어 있는 트립토판Tryptophan은 신경 안정 및 스트레스 완화에 효과가 있어 불면증 완화에도 좋다. 영양 공급 및 미백 효과도 있어 피부 관리에도 쓰인다. 단, 우유는 콜레스테롤 수치를 높일 수 있기 때문에 고지혈증 환자에게는 추천되지 않는다. 장염이나 갑상선 비염을 앓거나 신장에 이상이 있는 환자도 우유 섭취를 제한해야 한다.

게놈혁명 : 호모 헌드레드 프로젝트

재미있는 점은 우리가 알고 있는 많은 음식 중에서 우유만큼 건강과의 관계에 대해 진실 논란을 오랫동안 해온 것도 많지 않다는 사실이다. 많은 연구 보고서에서 우유가 건강에 미치는 이득과 효능에 대해 밝혔지만, 반대로 우유가 도움이 되지 않거나 오히려 해가 된다고 발표하기도 한다. 이런 진실 게임의 원인은 유전자에 있다. 지금까지는 대부분 개개인의 유전적인 차이를 감안해서 연구를 할 수 없었기 때문에 그 연구가 어느 나라의 어느 집단을 대상으로 하느냐에 따라 결과가 상이했던 것이다.

예를 들어 아이스크림이나 우유를 마시면 속이 좋지 않다고 하는 사람들이 있다. 속이 메스껍거나 배에 가스가 차고, 심하면 설사를 하거나 구토를 한다. 이는 아이스크림이나 우유에 있는 탄수화물인 유당, 즉 락토오스Lactose를 분해하는 효소가 생성되지 않는 사람이기 때문이다. 이 증세는 유당분해효소 결핍증Lactose Intolerance이라

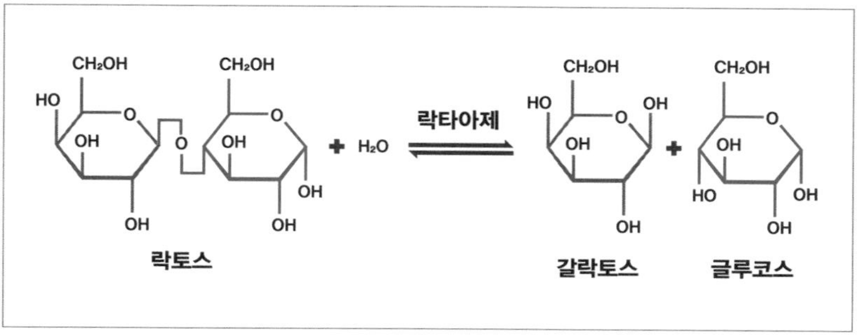

그림 34 우유에 있는 락토오스는 락타아제에 의해 갈락토스와 글루코스로 분해된다. 우유를 먹고 생기는 부작용의 대부분은 락토오스를 제대로 분해하지 못하기 때문이다. 특히 동양인 중 많은 사람이 성인이 되면 락타아제를 생성하지 못해 유당분해효소 결핍증을 겪는다.

고 한다. 이 증상은 고칠 수가 없고 우유를 매일 조금씩 마신다고 내성이 길러지지도 않는다. 그래서 유당분해효소 결핍증이 있는 사람이 우유를 마셔야 한다면 락토오스를 제거한 우유나 락타아제Lactase라는 효소가 들어 있는 약을 우유와 함께 먹으면 된다.

많은 연구 결과에서 차이가 나타난 이유 중 하나는 대부분의 서양인은 성인이 되어도 유당을 분해하는 락타아제 유전자를 활성화할 수 있는 반면, 동양인은 90% 이상이 유당을 분해하는 효소를 촉진하는 유전자에 문제를 가지고 태어나기 때문이다. 이로 인해 미국이나 일부 서양에서는 한동안 우유를 못 마시는 증세를 비정상적인 병으로 여기기도 했다. 하지만 실제 유당분해효소 결핍증은 병이 아니다. 신생아일 때는 동서양을 막론하고 거의 모든 사람이 락타아제를 만들 수 있는 기능을 가지고 있다. 그래야 엄마의 젖을 먹고 소화시킬 수 있기 때문이다. 그런데 락타아제를 만드는 유전자는 아이가 모유를 먹는 동안에는 활발히 작용하다가 이유기를 거치면서 점점 활동을 줄이기 시작한다. 그 후 성인이 되면 대부분의 락타아제를 만드는 유전자는 활동을 멈추고 대신 다른 소화 효소가 활동을 증가하는 자연적인 현상이 벌어진다. 결국 어른이 되면 락타아제를 만드는 유전자가 활동을 멈추어 우유를 제대로 소화시킬 수 없는 사람이 많은 것이다.

그런데 왜 서양인들은 어른이 되어서도 우유를 많이 마실 수 있는 락타아제를 계속 생성하게 되었을까? 유럽의 스웨덴, 덴마크,

아프리카의 수단 그리고 중동의 요르단, 아프가니스탄의 사람들은 어른이 되어도 락타아제를 만드는 비율이 80~90%나 된다. 이 지역은 모두 오랜 기간 목축업과 낙농업을 해온 곳이고 우유를 비롯한 유제품이 음식이 주를 이루기 때문일 것으로 생각된다.

유당분해효소에 문제가 있다 하더라도 유가공 식품인 치즈나 요구르트는 대부분의 사람에게는 문제가 되지 않는다. 우유를 발효시키는 과정에서 락토오스가 없는 어른도 소화시킬 수 있는 형태로 바뀌기 때문이다.

유전자적으로는 MCM6 유전자에 변이가 있는 많은 사람은 우유를 소화시키는 유당분해효소를 만들지 못하기 때문에 유제품을 먹으면 제대로 소화시키지 못하고 탈이 난다. 이 유전자는 락토오스

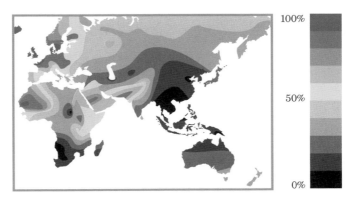

그림 35 우유를 마실 수 있게 하는 락타아제 활성도 지도. 어른이 되어도 계속 활성적인 락타아제를 생성하는 사람의 비율은 나라마다 크게 다르다. 검은색은 비율이 낮은 지역이고 파란색은 높은 곳이다. 대부분은 회색 계열(50% 이하)이다. 북서 유럽, 북서 아프리카, 중동 지역에 파란 부분(90%)이 집중돼 있다. 대부분의 한국인이 성인이 되어서 우유를 마시면 소화에 문제가 있는 것은 유전적으로 그렇게 태어났기 때문이다.

유전자LCT의 발현을 조절하는 유전자다.

이처럼 우리가 마시는 우유도 유전자에 의해 우리 몸에 득이 될 수도, 해가 될 수도 있다. 따라서 한국 사람은 우유를 많이 마시기보다는 요구르트나 치즈 같은 유가공 식품을 먹는 것이 바른 선택일 것이다. 그러나 우유를 분해하는 락타아제를 생성하지 못한다 하더라도 어느 정도의 우유를 마시는 것은 대부분 문제가 되지 않는다. 이는 우리 몸의 조력자인 유익균들이 우유의 소화를 도와줄 수 있기 때문이다. 프로바이오틱스인 락토바실러스 아시도필루스Lactobacillus acidophilus, 락토바실러스 카세이Lactobacillus casei, 스트렙토코쿠스 서모필러스Streptococcus thermophiles와 락토바실러스 불가리쿠스Lactobacillus bulgaricus가 장내에서 유당을 분해할 수 있기 때문에 몸속에 유당분해효소가 없어도 소화가 되도록 도와준다. 이 때문에 유당분해효소 결핍증 환자의 증상 완화를 위해 프로바이오틱스를 보충하는 것도 도움이 된다.

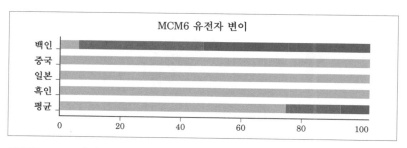

그림 36 MCM6 유전자 변이. MCM6 유전자는 우유를 분해하는 락토오스 유전자의 발현을 조절하는 기능을 한다. 대부분의 서양인은 락토오스 유전자를 활성할 수 있는 T형을 가지고 있지만 대다수의 동양 사람은 그렇지 않은 C형을 가지고 있다.

커피와 유전자

커피는 오랜 시간 인간 사회와 함께해 온 기호 식품이면서 건강과
아주 밀접한 관계가 있다. 거의 모든 나라 사람이 애용하기 때문에
석유 다음으로 국제 교역량이 많고, 현대인에게 커피는 생활의 일부
라 할 정도로 자주 찾는 식품이 되었다.

커피와 질병과의 다양한 관계도 많이 연구된 상태다. 그 결과
커피가 다양한 질병을 예방하거나 위험을 줄일 수 있다는 점이 알려
지면서 많은 사람이 커피를 기호 식품뿐만 아니라 건강을 위한 보조
제로도 음용하게 되었다.

커피는 풍부한 항산화 물질을 가지고 있어 활성 산소가 우리
몸을 손상시켜 여러 가지 만성 질환과 이른 노화가 일어나는 것을

커피와 건강
- 전립선암 위험 감소
- 간암 위험 감소
- 대장암 위험 감소
- 피부암 위험 감소
- 알츠하이머 치매 예방
- 우울증 감소
- 당뇨병 예방
- 기억력 증진

그림 37 커피는 현대인에게 가장 친숙한 기호 식품으로 각성 효과와 함께 다양한 건강의 이익을 주는 것으로 알려져 있다. 하지만 지나친 카페인 섭취는 다른 부작용을 불러올 수 있기 때문에 적당한 양의 커피를 꾸준히 마시는 것이 가장 효과적이다. 적당한 커피의 양은 바로 나의 유전자형에 의해 결정된다.

막을 수 있다. 여러 연구에서 전립선암, 간암, 대장암과 피부암의 위험을 감소시키는 것으로 알려졌다. 커피의 주성분인 카페인은 뇌를 자극해 집중력과 기억력을 증진하고, 뇌 건강을 개선해 알츠하이머 치매의 위험도 낮출 수 있을 뿐 아니라 발병의 시기도 지연시킨다.

커피를 적당히 마시는 사람은 그렇지 않은 사람에 비해 제2형 당뇨병의 위험도 최대 50%까지 줄일 수 있다. 이는 커피에 있는 클로로겐산 성분이 장에서 포도당의 흡수를 지연하고, 운반을 억제하며, 인슐린의 감수성을 증가시켜 혈당 수치를 낮추는 작용을 하기 때문으로 보인다. 하지만 커피와 함께 섭취하는 크림과 설탕은 오히려 당뇨병의 위험을 높이기 때문에 커피 자체의 맛과 향을 즐길 수 있어야 하겠다.

또한 커피는 지방간의 위험성을 현저히 줄일 수 있다. 하루에

게놈혁명 : 호모 헌드레드 프로젝트

커피 1잔을 마시는 사람들은 간경변Liver Cirrhosis의 발생 빈도가 낮다. 항산화 물질의 효과로 우울증이나 부정적인 감정으로 고생할 확률도 낮출 수 있다. 최근 연구 결과에 따르면 커피가 셀룰라이트와 죽은 피부 세포 제거에도 효과가 있다는 것이 밝혀졌다. 커피의 카페인 성분을 피부에 바르면 혈류가 개선되고 주름, 기미와 잡티 등의 발생을 늦출 수 있다고 한다. 이 때문에 화장품의 원료로 사용하기도 한다.

그러나 커피의 이로움을 이야기하는 연구만 있는 것은 아니다. 많은 연구에서 커피가 주는 이로움만큼 해로움을 경고하고 있다. 이는 근본적으로 커피의 주성분인 카페인 대사 능력이 인종마다, 사람마다 다르다는 점을 고려하지 않고 연구했기 때문일 것이다.

사람들이 마시는 커피의 양은 특히 유전자와 관련이 높다고 밝혀졌다. CYP1A1과 CYP1A2 유전자는 커피의 주성분인 카페인 대

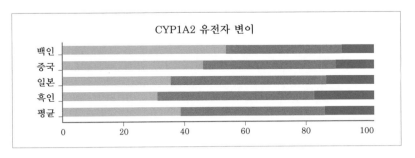

그림 38 커피의 주성분인 카페인 대사 유전자인 CYP2A1. A형(하늘색)은 카페인을 빠르게 대사하는 형으로 많은 양의 커피를 마셔도 쉽게 대사된다. C형(파란색)은 카페인을 느리게 대사하는 형으로 혈액 속에 오랫동안 카페인이 남아 있어 많은 양의 커피를 마실 경우 여러 가지 부작용을 초래하게 된다. 혼합형(회색)인 AC형의 경우도 카페인의 섭취를 과다하게 하지 않는 것이 좋다.

사에 관여하는 효소다. 커피의 카페인을 인지하고 효소의 기능을 활성화하며 섭취한 카페인을 몸속에서 분해시킨다. 이 유전자에 변이가 있는 사람은 커피를 많이 마시면 카페인이 효과적으로 분해되지 않고, 몸은 카페인에 오랜 시간 노출된다.

커피에 다량 포함된 카페인은 푸린Purine 계열의 알칼로이드 성분으로 각성 효과가 있다. 개인들이 커피를 마시는 양은 카페인 대사 과정에 관여하는 CYP1A2 유전자의 형과 깊은 관련이 있으며 대사 과정이 빠른 타입Fast Metabolizer의 A형 유전자형을 가진 사람은 좀 더 많은 양의 커피를 즐겨 마시게 된다. 카페인을 빠르게 분해할 수 있기 때문에 커피를 많이 마셔도 신체 변화가 거의 없어 수면 장애를 유발하지 않는다. 운동 능력도 향상된다. 반면에 CYP1A2 A형의 유전자를 가진 사람은 커피 중독과 함께 흡연의 유혹에 빠지기 쉽고, 담배를 끊기가 더 어렵다. 담배를 끊으려면 담배와 함께 커피까지 멀리해야 한다.

반면에 카페인 대사 유전자 CYP1A2변이로 카페인 대사가 늦은 유전자 C형Slow Metabolizer을 가진 사람은 커피를 많이 마시면 혈압이 오르고, 심장 박동이 빨라지며, 심장이 불규칙하게 뛴다. 심한 경우 혈관을 수축시켜 심장 질환을 일으킬 수 있다. 그러므로 C형의 사람이 커피의 긍정적인 효과를 보기 위해서는 적은 양의 커피를 여러 번 나누어서 마시는 것이 좋다. 오후 늦게 먹는 커피는 수면 장애를 유발할 수 있으므로 피한다. 참고로 한국인의 40% 정도가 늦은 카페인 대사형이라 이런 유전자형을 가진 사람은 커피를 너무 많이 마시지는 않도록 해야 한다.

본인의 유전자형을 알고 커피를 먹으면 암 예방에 큰 도움이 된다. 일반적으로 카페인은 유방암, 피부암, 간암 등 다양한 암세포의 활성화를 시키는 호르몬 레벨을 조정해 암에 대한 보호 작용을 하는 것으로 알려져 있다. 최근 연구 발표에 따르면 CYP1A1 유전자 변이로 카페인 대사가 상대적으로 늦은 사람은 적은 양의 커피를 자주 마시는 것이 표준형 유전자를 가진 사람들보다 더 암의 위험을 낮추는 데 도움이 된다는 것이 밝혀졌으며, 치매의 위험 또한 줄일 수 있다고 한다.

결과적으로 CYP1A1 유전자에 변이가 있는 사람은 적당한 커피의 섭취만으로도 일부 암에 대한 위험도를 상당히 낮출 수 있는 것이다. 그렇다고 커피가 만병통치약은 아니다. 카페인 대사에 관여하는 유전자에 변이가 있는 사람이 과도하게 커피를 마시면 고혈압이 유발될 수 있으며 심장 마비의 위험 또한 증가한다. 칼슘 손상을 일으키거나 골다공증과 고관절 골절 발생 위험을 높일 수도 있으며 철분과 아연의 흡수를 저해한다.

임산부나 성장기 아동들에게는 커피를 많이 마시는 것이 득보다는 실이 더 많이 있을 수 있다. 특히 요즘 젊은 청소년 사이에 인기가 많은 에너지 드링크 같은 고농도 카페인 에너지 음료는 아연 흡수를 방해하고 식욕 감퇴, 성장 발달의 지연, 설사, 면역 약화, 행동장애 및 야맹증도 불러올 수 있다.

결론적으로 커피는 적당량을 마시면 건강에 도움을 주지만, 지나친 섭취는 건강을 해칠 수 있다. 개인별로 유전자의 차이에 따라 적당량이 각각 다르다. 이를 알고 자신의 유전자형에 따라 적당량의 커피를 마시게 되면 질병 예방과 건강한 생활에 도움이 된다. 참고로 보통 커피 한 잔에 들어 있는 카페인은 100mg 내외이며, 일반 성인 하루 섭취 권고량은 400mg 이하이지만 이는 자신의 유전자에 따라 적절하게 조정해야 한다.

와인과 유전자

술은 모든 나라의 역사와 더불어 존재했으며 나라마다 고유한 풍습과 문화를 담고 있다. 어느 나라 술의 역사를 보아도 그 기원은 아주 오래 되었으며, 고대인에게 술은 신에게 바치는 신성한 음료였던 것을 알 수 있다. 술이 어떻게 시작되었는지 정확히 알 수는 없으나 과실이 자연적으로 발효해서 된 것으로 유추된다. 그러던 것이 유목시대와 농경시대 사이에 곡류를 재료로 한 술이 만들어져 다양화되었다. 이토록 술은 인류의 오랜 역사 속에서 함께해 온 음료이며 우리의 문화와 사회 그리고 생활에 다양한 영향을 끼쳐왔다. 특히 와인의 경우 그리스 신화와 성서에 등장할 정도로 긴 역사와 함께해왔다. 그러므로 술이 사람의 건강에 미치는 영향은 그만큼 뿌리 깊은

| 콜레스테롤
조절
(프로시아니딘
레저바트롤) | 심장질환
예방
(피놀) | 뇌졸중
예방
(프로시아니딘
레저바트롤) | 대장암
예방
(레저바트롤) | 혈당조절
(레저바트롤) | 치매예방
(레저바트롤) | 골다공증 예방
(실리콘) | 장수 |

그림 39　와인은 다양한 건강 증진 작용을 하는 것으로 알려져 있다. 하지만 일부 유전자형에서는 그 효과가 나타나지 않거나 오히려 해가 될 수 있다. 나의 유전자형에 따라 와인이 주는 건강의 혜택이 다른 것이다. 또한 유전자에 따라 나에게 건강에 도움이 될 양이 다르기 때문에 나의 유전자를 알고 와인을 마셔야 그 효능을 최대화할 수 있다.

것이라고 할 수 있겠다.

　　술은 야누스와 같이 두 개의 얼굴을 지니고 있다. 지나치지 않게 마신다면 건강에 다양한 도움이 될 수 있다. 문제는 술을 지나치지 않게 조절해 마신다는 것이 여간해서는 쉬운 일이 아니라는 점이다. 그래서 선조들은 술을 지나치지 않게 적당히 마실 수만 있다면 어떤 보약보다도 몸에 좋다고 여겨 술을 100가지 약 중 으뜸이라는 뜻에서 백약지장百藥之長이라고 표현하기도 하고, 술을 지나치게 마시면 건강을 해치는 독이 된다 해서 백독지장百毒之長이라고 일컫기도 했다.

　　술의 주성분인 알코올은 흡수되면 간으로 가서 아세트알데히드로 변화되고 그 이후 몸에 해롭지 않은 아세트산Acetic Acid이라는 식초와 탄산가스, 물로 분해된다. 술을 마셨을 때 몸에 독성을 일으키고 간을 상하게 만들며 숙취 후 고통에 시달리게 하는 것은 이 중간 산물인 아세트알데히드가 몸에 축적되어서 생기는 현상이다. 그런데 알코올 분해 효소가 많은 사람은 이 중간 대사물이 몸에 잘 축적되지 않고, 알코올이 바로 몸에 해롭지 않은 아세트산으로 전환되기 때문에 술에 대한 위험도가 낮을 뿐 아니라 숙취도 별로 없다.

알코올의 대사 과정에서 가장 중요한 효소가 ALDH2라는 알코올 분해 효소다. ALDH2는 몸에 독을 주는 아세트알데히드를 독이 없는 아세트산으로 효과적으로 전환시키는 효소다. 특이한 것은 서양인이나 흑인에서는 이 유전자의 변이가 거의 발견되지 않았지만 동양인의 경우 상당히 많은 사람이 이 유전자에 변이가 있다는 점이다. 왜 대부분의 서양인이나 흑인들이 술을 잘 마시는지 유전자가 설명해주고 있는 것이나 마찬가지다.

최근 이러한 아세트알데히드 분해 효소를 저해하는 기능으로

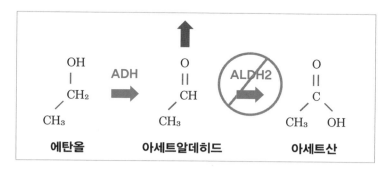

그림 40 유전자 ALDH2가 알코올 분해에 미치는 영향. 독성인 알코올 대사 중간 산물인 아세트알데히드는 우리 몸에서 ALDH2에 의해 분해되어서 무독성 아세트산으로 바뀐다. 이 효소의 유전자형에 따라 알코올의 대사 반응이 달라지고 음주가 득이 될 수도, 실이 될 수도 있다.

알코올 중독을 치료하는 처방약이 개발되었다. 미국에서 안타부스 Antabuse라는 이름으로 판매되는 약은 ALDH2 변이 유전자와 같이 아세트알데히드의 분해를 저해하고 다양한 숙취 후 부작용을 경험 하게 해서 술을 절제하게 하는 약으로, 50% 정도의 술 중독 환자에 서 효과를 보았다고 한다.

와인의 성분 중 폴리페놀Polyphenol은 가장 중요한 항산화제 성 분이다. 항산화제는 암을 비롯한 다양한 질병을 억제하며, 유리 산 소의 자유 래디컬Free Radical을 없애는 데 아주 효과적이다. 와인은 또한 면역 반응을 촉진하며 골밀도를 증가시킬 수 있다. 특히 레드 와인에 많이 있는 것으로 알려진 실리콘Silicon 성분이 골밀도의 증가 에 영향을 미치어 골다공증을 예방할 수 있다.

적절한 알코올과 폴리페놀 그리고 포도 껍질에 많은 레스베라

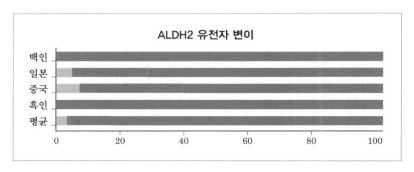

그림 41 ALDH2 유전자 변이의 분포도. 활성형인 정상은 파란색, 1개의 변이를 가진 사람은 회색 그리고 2개의 변이를 가진 사람은 하늘색으로 표시했다. 동양인은 ALDH2의 유전자에 변이를 많이 가지고 있는데 이들의 알코올 대사 반응과 건강에 끼치는 영향은 정상 유전자를 가진 사람들과는 다 르다. 특히 2개의 변이를 가진 사람은 알코올 섭취로 얻는 이득보다는 손실이 훨씬 많기 때문에 내 유전 인자를 알고 술을 마셔야 와인으로부터 오는 혜택을 최대화하고 그 피해를 줄일 수 있다.

트롤Resveratrol의 섭취는 혈액 내 혈전을 감소시켜 혈액을 맑게 하고 뇌졸중의 위험을 낮추는 것으로 알려져 있다. 특히 적포도주의 타닌Tannin 속에 있는 폴리페놀 성분이 자유 래디컬을 중화시켜 심혈관계 질환을 예방할 수 있다. 적포도주에 있는 프로시아니딘Procyanidines은 콜레스테롤을 낮추는 역할을 하고, 레스베라트롤 성분은 우리 몸에 해로운 저지질 콜레스테롤LDL을 낮춰주고 유익한 고지질 콜레스테롤HDL을 높여준다. 이러한 기작은 혈압 또한 낮출 수 있다.

와인의 레스베라트롤 성분은 인슐린 민감성을 증가시켜 제2형 당뇨병을 개선하는 기능도 있다. 와인의 적당량 섭취는 레스베라트롤의 항산화 기능을 통해 일반인들의 경우 대장암, 전립선암, 유방암의 위험을 낮출 수 있다. 하지만 유방암과 난소암의 위험을 급증시키는 BRCA 유전자 변이와 같은 암을 유발시키는 위험 유전 인자를 가진 사람에게는 적당량의 와인도 질병의 위험도를 증가시킬 수 있기 때문에 자제하는 것이 좋다. ALDH2 유전자의 변이가 있는 사람은 후두암이나 위암 그리고 구강암에 위험이 높으며, 적은 양의 술 섭취도 암의 위험도를 증가시키는 것으로 알려져 있다.

그리고 와인은 인지력 향상을 도와 치매의 예방에도 도움을 준다고 알려져 있지만 APOE-4형을 가진 사람은 와인 섭취가 치매 예방에 전혀 도움이 되지 않는다. 따라서 치매의 위험이 높은 APOE-4형의 변이가 있는 사람은 음주를 아예 하지 않는 것이 치매 예방과 치료에 도움이 된다.

와인은 장수를 도와준다. 장수 음식으로 잘 알려진 지중해 식단은 올리브 오일과 과일, 채소 그리고 와인을 함께 먹게 된다. 와인 속의 레스베라트롤이 다양한 건강의 기능을 향상시키고 장수를 유도한다.

주의해야 할 것은 대부분의 와인과 건강에 관한 연구는 서양이나 미국에서 이루어졌다는 점이다. 동양인과 서양인은 알코올 분해에 관여하는 유전자형이 많이 다르다. 대략 40%의 동양인은 간에서 알코올을 분해하는 데 주 역할을 하는 ALDH2의 유전자에 변이가 있고 알코올 대사 능력이 서양인에 비해 낮다. 10% 이내의 사람은 2개의 ALDH2의 유전자가 제대로 작동하지 않고 알코올의 처리 능

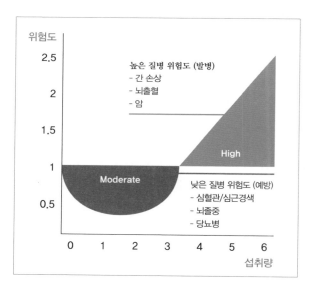

그림 42 와인의 J 커브 효과. 와인은 적당량을 꾸준히 마시면 건강에 도움을 줄 수 있지만 지나치면 오히려 해가 된다는 것이 잘 알려져 있다. 와인에 포함된 알코올의의 적당량은 절대적인 기준이 아니고 나의 유전자형에 따라 다르게 적용되어야 한다.

력이 일반인들보다 아주 낮다. 이러한 유전 인자를 가진 사람은 정상 유전 인자를 가진 사람에 비해 와인의 섭취를 줄여야 한다.

ALDH2 유전자에 변이가 있는 사람이 계속 술을 마시면 간경변의 위험이 증가하고 위암과 식도암의 위험도 높아진다. 또 독성 물질인 아세트알데이드가 뇌혈관 막을 통과해 뇌세포의 손상으로 치매의 위험도 높인다. 한국인의 위암 발생이 세계적으로 높은 이유도 한국인의 과도한 음주 문화 및 유전자와의 연관이 높은 것으로 생각된다.

우리가 섭취하는 다양한 음식과 음료 보조식품들이 건강과 질병 예방에 미치는 효과를 'J 커브J Curve' 라고 한다. 왼쪽 그림의 J자 모양에서 보는 바와 같이 꾸준히 마시는 1잔이나 2잔의 와인은 다양한 질병 예방과 완화의 효과가 있지만 조금 더 과음하면 그 긍정적인 효과는 오히려 부정적으로 건강을 위협하고 질병의 위험도를 높인다. 따라서 와인의 건강 요법에는 술을 절제할 수 있는 지혜와 노력이 필요하다.

ALDH2 유전자에 변이가 있으면 술을 마시고 얼굴이 붉어지거나 알코올 중독이 될 확률이 일반형에 비해 훨씬 낮다. OPRM1 유전자에 변이가 있는 사람은 술에 대한 중독성에 취약할 수 있다. DRD2의 유전자 변이도 술에 대한 중독의 위험을 높이는 것으로 알려져 있다. 이러한 알코올 중독 위험 유전자를 가지고 있다면 술 중독이 되지 않도록 절제하고 자제하는 데 더욱 신경 써야만 한다.

참고로 최근 연구 결과 중에는 단맛에 민감하지 않은 사람일 수록 술을 더 즐겨 마신다는 것도 있었다. FTO나 SLC2A2와 같은 단맛에 관여하는 유전자형에 따라 술에 대한 호감도도 달라진다는 것이다.

이와 같이 나의 유전자를 알고 술을 마신다면 술로 인한 피해를 최소화하면서 음주를 즐기고 건강도 함께 지킬 수 있는 것이다.

9장
영양유전체와
질병 예방

Nutrigenomics and Disease Prevention

영양유전체학

영양유전체학Nutrigenomics은 식품 및 보조 식품과 유전 형질과의 관계를 많은 데이터 분석으로 연구하는 체학Omics 중 하나로, 우리가 먹는 음식이 유전자 발현에 미치는 효과에 대해 연구하는 학문이다. 영양과 의학 사이에 밀접한 관계가 있다는 견해는 기원전 4세기 히포크라테스로부터 시작되었다. 건강을 유지하기 위한 약의 대안으로 균형 잡힌 식사와 다양한 보조 식품을 제안한 것이다. 특히 동양 의학은 다양한 천연 식품을 질병의 치료를 위해 사용하며, 개인의 체질이나 특성을 감안해 궁합이 잘 맞는 음식과 안 맞는 음식을 구별하기도 한다.

이제는 유전자 검사를 바탕으로 음식과 나와의 궁합도 맞춰보게 되었다. 영양유전체학에서는 유전체의 차이에 따라 어떤 식품과 비타민 등의 보조 영양소를 섭취해야 건강을 지키고 질병을 예방할 수 있을 지에 대해 집중적으로 연구해왔다. 각각의 보조식품이나 비타민이 어떤 유전자에 의해 조절되고 건강에 관여하는지 알아내어 유전체에 기반을 둔 건강 식생활을 유지할 수 있도록 도와주는 것이다.

영양유전체학이 다루는 대표적인 건강보조식품은 다양한 비타민 영양제다. 비타민은 비타Vita(생명)과 아민Amine(염기)의 합성어로 생명을 주는 분자라는 뜻이다. 탄수화물, 지방, 단백질과 달리 에너지를 생성하지는 못하지만 몸의 여러 기능을 조절한다. 많은 양이 필요하지는 않으나 대부분의 비타민은 체내에서 합성하기 어렵기 때문에 음식이나 보조제를 통해 섭취하게 된다.

많은 비타민이 항산화 작용을 해 질병을 예방하는 기능을 할 수 있다는 것은 잘 알려져 있다. 어떤 비타민은 결핍 시 심각한 질병과 함께 다양한 합병증을 유래하기도 한다. 하지만 사람마다 비타민과 무기질 등 주요 영양제의 필요성이 다르고, 비타민의 질병 치료나 예방 효과도 다르게 나타난다.

대부분의 약이나 비타민은 간과 신장에서 대사가 된 후 체내 필요한 조직과 장기에 전달되어 작용하게 된다. 이 과정에서 많은 효소나 단백질이 영향을 미치고 다양한 무기물 또한 촉매제로서 관여한다. 이러한 대사에 관여하는 효소는 약이나 비타민의 종류에 따라 개인마다 다르게 반응하고 효소들을 만드는 유전자형의 차이에 따라 기능과 활성에 차이가 나타나는 것이다. 즉 약이나 비타민은 개인마다 효과가 다르고 필요로 하는 약이나 비타민의 종류나 섭취 권장량도 같지 않은 것이다.

이러한 영양제나 비타민 그리고 식단의 개별 맞춤 처방과 권고를 유전자를 기반으로 제시하는 것이 바로 영양유전학이다. 유전자 검사를 통해 비타민과 영양제 복용은 물론 식단을 나에 맞게 조정함으로써 더욱 건강하고 행복한 삶을 유지할 수 있고 미래에 발생할지도 모르는 질병을 효과적으로 예방할 수 있는 것이다.

비타민 A와 유전자

비타민 A는 레티놀Retinol 또는 카로티노이드Carotenoid라고 한다. 지용성이고, 주로 간에 저장된다. 보통 활성비타민 A와 프로비타민 A의 두 종류로 구분한다. 활성비타민 A는 육류나 생선, 가금류, 유제품과 같은 동물성 음식에 많이 함유되어 있고, 프로비타민 A는 과일과 채소 같은 식물성 음식에 많이 들어 있다. 이러한 비타민 A는 치아 골격과 연조직, 점막 피부를 만들고 건강하게 유지하는 것을 돕는다. 특히 눈의 망막에 있는 색소를 만드는 중요한 역할을 한다. 가장 일반적인 것은 베타카로틴Beta-Carotene과 제아잔틴Zeaxanthin이다.

　비타민 A는 시력 개선에 도움을 주고, 야맹증 환자의 증상을 완화한다. 비타민 A가 결핍되면 각막 비후증, 안구 건조증을 유발

한다. 일반적인 성인의 하루 권장량은 900mcg 정도다. 수유기에는 1300mcg 이상의 비타민 A를 섭취하는 것이 산모와 아이에게 도움이 된다.

비타민 A의 한 종류인 레티놀은 주름 개선 효과가 높은 것으로 알려져 있다. 피부를 젊게 유지하는 데 도움을 준다. 유전적으로 각막 관련 질환인 야맹증, 안구 건조증에 관계된 변이가 있는 사람이 활성 비타민 A인 레티놀을 꾸준히 복용하면 그 위험을 상당히 낮춰준다.

미국 국립안과연구소의 황반변성에 기인한 실명 예방 연구에서 프로비타민 A의 하나인 제아잔틴을 꾸준히 복용하면 실명의 위험을 상당히 줄일 수 있는 것으로 입증되었다. APOE, CFH, ARMS2의 변이로 인해 발병 위험이 높은 사람은 비타민 A의 꾸준한 섭취로 그 위험을 상당히 줄일 수 있다.

비타민 A의 대사에 주 역할을 하는 RBP4Retinol Binding Protein 4 유전자의 변이가 알츠하이머 치매와 콜레스테롤 대사 이상으로 인한 당뇨병, 심혈관 질환의 위험을 증가시키는 것으로 알려져 비타민 A의 중요성은 점점 커지고 있다. 하지만 비타민 A는 지용성으로 과다 복용하면 몸에서 배출되기 어렵고 부작용을 줄 수도 있기 때문에 개인의 유전자와 건강 상태를 확인해 적정량을 섭취하는 것이 중요하다.

비타민 B$_6$와 유전자

비타민 B$_6$는 수용성 비타민의 한 종류로 인산 피리독신Pyridoxine Phosphate, PLP이라고 부르는 비타민 B군의 일종이다. 단백질의 분해 합성을 도와주므로 피부와 점막의 건강 유지에 필요한 영양소다. 대사 작용으로 활성화된 비타민 B$_6$는 영양소의 대사, 신경 전달 물질 합성, 히스타민 합성, 헤모글로빈 합성, 유전자 발현 등 여러 측면에 연관되어 있다. 비타민 B$_6$는 단백질의 대사에 필수적인 영양소로 단백질 섭취량이 늘수록 필요량도 증가한다. 동물성 육류에 다량 들어 있고 특히 간 부위에 많다. 모든 종류의 육류와 꽁치, 참치 같은 어류, 두부, 완두콩, 호두, 땅콩, 달걀, 치즈, 바나나, 수박 등에 많이 들어 있다.

게놈혁명 : 호모 헌드레드 프로젝트

비타민 B_6가 부족하면 피부와 점막에 문제가 발생하기 쉽다. 신경에 이상이 오고 말초신경 장애, 경련, 졸음, 불면증, 식욕 부진, 정서 불안 등의 이상이 생길 수 있다. 특히 비타민 B_6는 비타민 B_{12}, 비타민 B_9인 엽산과 함께 복용하면 동맥경화의 원인이 되는 호모시스테인을 억제하고 콜레스테롤을 낮춰주므로 다양한 성인병 예방에 도움이 된다. 이 외에도 면역의 균형을 맞춰주는 기능을 해 알레르기 증상을 완화하는 것으로 알려져 있다.

아미노산 대사에 관여하므로 부족한 경우 신경 전달 물질을 저해하고 신경 계통에 지장을 줄 수 있으며, 알츠하이머 치매의 원인이 될 수도 있다. 알츠하이머 치매의 위험이 높고 혈액 내 B_6 농도가 낮은 사람은 이를 많이 함유한 음식과 함께 비타민 보조제를 꾸준히 섭취하는 것이 치매의 예방과 치료에 도움이 된다.

유전자 NBPF3가 혈중 비타민 B_6의 농도에 영향을 미치는 것으로 알려졌다. 마커 rs4654748의 TT형과 비교했을 때 TC형은 1.45ng/ml이 낮고, CC형은 2.90ng/ml이 낮은 것으로 보고되었다. 이 유전자의 변이형은 흑인이 가장 높은 분포를 보이며 동양인은 낮다.

비타민 B$_9$과 유전자

엽산Folic Acid은 수용성 비타민으로 비타민 B$_9$이라 부르는데 보통 지방 세포에 많이 보관되어 있다. 결핍되면 생체에서 다양한 증상과 장애를 일으키는 것으로 알려져 있다. 엽산 결핍은 간단한 혈액 검사를 통해 알 수 있고 임산부의 경우 초기 검사가 권장된다. 대부분의 사람은 일반적인 식단으로 엽산의 충분한 섭취가 가능하지만. 신선한 과일이나 채소 등을 먹기 어려운 경우 엽산 결핍과 관련된 다양한 증상이 발생할 수 있다. 엽산을 충분히 섭취하지 못하면 불과 몇 주일 사이에도 다양한 증상을 일으킨다.

비타민 B$_9$ 결핍 현상은 엽산의 대사에 관여하는 유전자에 변이가 있는 사람에게 많이 일어난다. 결핍 시 적혈구 세포 수의 감소로

게놈혁명 : 호모 헌드레드 프로젝트

심각한 빈혈을 일으키거나 백혈
구 수가 줄어들 수 있다.

　　엽산 결핍은 관련 유전자에
의해 그 위험도가 직접적으로 영
향을 미치는 것으로 알려져 있
다. 그중에서도 MTHFR<sub>Methy-
lene tetrahydrofolate reductase</sub> 유전자
의 변이가 활성에 가장 큰 영향
을 미친다. MTHFR 유전자는
엽산_{Folate, Folic Acid}을 생체 내에
서 메틸화를 거쳐 활성<sub>5-MTHF,
L-Methyl Folate</sub> 형태로 바꾸어주
는 매우 중요한 효소다. 엽산이
호모시스테인의 수치를 낮추고,
암세포와 싸우고, 심장병을 예방

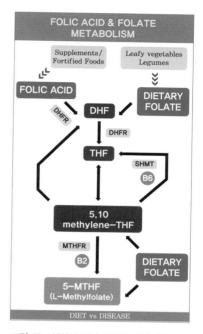

그림 43　엽산의 대사. 엽산은 체내에서 비활
성형이 활성형으로 전환된 후 그 기능을 발휘
한다. 유전자 MTHFR 변이가 있으면 제대로
활성형 엽산을 만들 수 없기 때문에 활성형 엽
산 비타민을 섭취해야 한다. 엽산의 결핍은 다
양한 부작용과 합병증을 가져올 수 있다.

하는 데 관여한다. 엽산의 결핍증은 투석을 해야 하는 치명적인 신장
의 문제를 가져오기도 한다. 최근 연구에서 엽산이 기억력과 인지 능
력에 도움이 될 수 있음을 발견한 데 이어 청각 유지에도 도움이 된다
는 것이 밝혀졌다. 엽산이 손상된 청력을 개선해주는 것은 아니지만
남아 있는 청력을 보존하는 데 도움이 될 수 있다는 것이다.

　　이렇게 중요한 엽산이 신체 내에서 제대로 기능을 수행하려면

반드시 활성형 엽산으로 전환되어야 한다. MTHRF 유전자의 677번째에 있는 염기 서열이 C에서 T로 바뀌는 변이와, 1298번째 염기 서열이 A에서 C로 바뀌는 변이는 특히 아시아인에서 가장 빈번하게 일어나는 경우다. 그러다 보니 아시아인의 60% 이상이 적어도 1개의 효소 기능에 문제를 지니고 있으며 20% 정도는 2개의 유전자 모두에 변이가 있어 MTHFR 효소가 생체에서 거의 반응을 하지 않는다.

이 유전자에 하나라도 변이가 있으면 섭취한 엽산을 65% 정도밖에 활성형으로 바꿀 수 없다. 2개의 대립 유전자에 모두 변이가 있을 때는 10~20%의 활성력밖에는 지니지 못한다. 이로 인해 B_{12}와 엽산의 혈중 농도가 낮아진다.

엽산은 태아의 신경과 혈관 발달에 아주 중요하기 때문에 산모의 혈중 엽산 농도가 낮을 경우, 태아의 신경관 발달 장애를 일으켜 기형아 출산의 확률이 크게 높아진다. 따라서 임신을 한 여성의 경

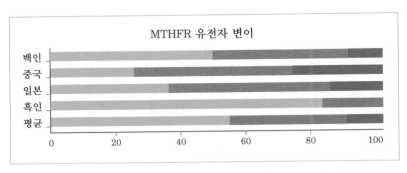

그림 44 MTHFR 유전자 변이. 엽산의 대사에 관여하는 MTHFR C형(하늘색)은 정상정인 효소 기능을 가지고 있고, T(파란색)형은 활성 엽산으로 전환되지 못한다. 혼합형인 CT 형(회색)도 효소의 기능이 정상형에 비해 낮다. 동양인들이 비활성 T형과 혼합형 CT형을 많이 가지고 있기 때문에 활성화된 엽산의 충분한 복용이 중요하다.

우, MTHFR의 유전자에 변이가 있다면 임신 기간 중 높은 양의 활성 엽산과 철분이 포함된 비타민을 충분히 먹는 것이 좋다. 알코올은 엽산의 흡수를 방해하므로 특히 임산부는 절대 섭취하지 않도록 한다.

엽산 결핍의 예방과 치료를 위한 가장 효과적인 방법은 엽산이 다량 들어 있는 신선한 음식을 많이 먹는 것이다. 이러한 식품으로는 브로콜리, 시금치와 같은 잎이 큰 채소와 콩, 바나나, 토마토주스, 달걀, 버섯, 아스파라거스, 돼지고기, 조개, 간과 강화된 시리얼이 있다. 식품으로서 충분한 엽산을 섭취하기 어렵거나 엽산의 대사에 관여하는 유전자에 변이가 있는 사람은 활성 엽산 비타민을 보조제로 섭취하는 것이 도움이 된다. 일반인의 엽산 권장량은 하루 400μg이지만 MTHFR 변이가 있는 사람은 800~1000μg의 활성 엽산을 꾸준히 섭취하도록 하자. 락토바실러스 헬베티쿠스*Lactobacillus helveticus*와 비피도박테리움*Bifidobacterium*과 같은 프로바이오틱스 균주가 장내에서 활성화된 엽산을 만들 수 있기 때문에 유산균의 섭취가 우리 몸속의 활성 엽산 생성을 대신 도와줄 수도 있다.

비타민 B₁₂와 유전자

비타민 B_{12}는 수용성 비타민 B군의 일종으로 적혈구를 생성할 때 중요한 역할을 수행하기 때문에 조혈 비타민이라고도 하며 빈혈과 깊은 관계가 있다. 특히 철분의 보충만으로는 해결되지 않는 악성 빈혈인 경우 비타민 B_{12}의 보충이 더 효과적이다.

핵산과 아미노산, 단백질의 합성을 도와 신경세포의 기능을 정상적으로 유지하는 효과도 있다. DNA의 합성에 필수적인 엽산이 제대로 작용하기 위해서도 비타민 B_{12}가 필요하다. 알츠하이머 환자의 경우 건강한 사람에 비해 비타민 B_{12}의 농도가 낮은 것으로 미루어볼 때 치매의 예방에도 도움이 된다. 불면증과 우울증 개선에도 효과가 있으며 아토피 피부염을 앓는 사람은 가려움을 일으키는 염증성 물질을 억제해주므로 가려움증이 완화된다.

FUT2 유전자에 변이가 있으면 혈중 비타민 B_{12}의 농도가 낮다. 마커 rs602662S의 경우 A형에서 높은 혈중 비타민 B_{12} 레벨을, G형에서는 낮은 레벨을 보인다. 대부분의 동양인은 G형으로 낮은 비타민 B_{12} 레벨이다. 반면에 흑인이나 백인의 경우 높은 레벨의 A형 유전자를 많이 가지고 있다.

비타민 B_{12}는 동물성 식품에만 존재하는 수용성 비타민이기 때문에 주로 육류, 어패류, 유제품 등에 많이 함유되어 있다. 따라서 채식주의자라면 비타민 B_{12}를 보조 영양제로 꼭 섭취할 것이 권장된다. 단, 임신 중에는 비타민 B_{12}의 과도한 섭취가 아이의 당뇨병 발생 위험을 증가 시킬 수 있다는 보고가 있기 때문에 조심해야 한다.

비타민 C와 유전자

비타민 C 즉, 아스코르빅산Ascorbic Acid은 면역 시스템을 강화해서 질병을 예방하고, 뼈와 연골을 포함한 여러 종류의 결합 조직 내의 중요한 단백질인 콜라겐의 생성을 돕는다. 많은 동물이 체내에서 비타민 C를 자체적으로 합성할 수 있지만 인간은 이러한 기능이 없다. 따라서 과일과 채소 같은 음식이나 보조제를 꼭 챙겨 먹어야 한다.

혈액에서 비타민 C의 농도를 결정하는 대표적인 유전자인 SLC23A1은 신장에서 비타민을 재흡수하는 기능을 담당한다. 이 유전자의 변이가 있는 경우 혈중 비타민 C의 농도는 현저히 낮아진다. 실제로 비타민 C의 결핍에 의해 모세혈관이 파괴되어서 생기는 괴혈병Scurvy 환자에서 이 유전자 변이가 많이 발견되고 있다. 이 외에도 이 유전자 변이가 있는 경우에는 비타민 C의 결핍으로 치주염이 잘 생길 수 있다는 것이 알려져 있다.

비타민 C는 생체 내의 콜라겐 합성을 위해 꼭 필요한 성분으로 결핍 시 피부에 탄력이 없어지고, 머리카락이 가늘어지면서 빠지기도 한다. 또한 면역력 저하로 감기에 반복적으로 감염되며, 신경 호르몬 전달에도 영향을 끼쳐 우울증과 만성 피로를 불러온다. 상처 치료를 지연시키고 몸속 미네랄 흡수에 영향을 끼쳐 다양한 통증을 유발하기도 한다.

비타민 C는 항산화 작용과 콜레스테롤 조절 기작으로 심혈관 질환의 예방과 개선에 도움을 준다. 비타민 C의 부족 현상과 이로 인한 질환은 신선한 과일과 채소를 많이 섭취하기 어려운 겨울철에 흔히 발생한다. 흡연자, 임신부, 출산 후 수유 중인 산모, 수술 후 회복기 환자에게 비타민 C 결핍이 더 자주 나타나기 때문에 주의해야 한다. 기본적인 성인의 비타민 C 권장량은 100mg 이내이지만 비타민 C 대사 관련 유전자 변이가 있는 사람은 하루 500mg 이상의 고농도 비타민의 섭취가 추천된다.

비타민 D와 유전자

비타민 D는 지용성 비타민의 한 종류로, 다른 비타민들과는 달리 햇빛을 통해 인체에서 자체 합성을 할 수 있다. 칼슘 대사를 조절해 체내 칼슘 농도의 항상성과 뼈의 건강을 유지하는 데 관여한다. 세포의 무분별한 증식 및 분화의 조절, 면역 기능 증진에도 관여하는 것으로 알려져 있다.

비타민 D 부족은 구루병이나 골연화증, 골다공증 골절을 초래한다. 최근 연구에 따르면 혈중 비타민 D가 부족하면 대장암, 유방암, 전립선암의 위험이 높아지는 것으로 알려졌다. 비타민 D의 하루 권장량을 제대로 섭취하면 이러한 암의 위험성을 30~50%까지 줄일 수 있다는 것이다.

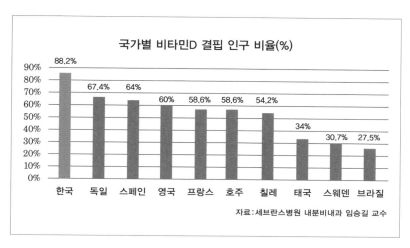

그림 45 국가별 비타민 D 결핍. 한국은 조사 대상국 중 비타민 D 결핍도가 가장 높은 것으로 보고되었다. 유전적 요인과 함께 야외 활동의 감소가 주요 원인으로 생각된다.

비타민 D는 정어리, 청어, 연어, 참치나 유제품, 버섯류에 많이 함유되어 있다. 햇빛에 피부를 노출시키면 몸에서 직접 합성할 수도 있으므로 하루 20분 이상 밝은 햇살에 피부를 노출시키고, 운동이나 야외 활동을 하는 것이 크게 도움이 된다. 이러한 음식물 섭취나 야외 활동이 여의치 않을 경우 매일 적당량(400~800IU)의 비타민 D를 섭취하는 것만으로도 유방암을 비롯한 다양한 암의 발병을 낮출 수 있다.

그러나 한국인의 경우 비타민 D 부족 현상이 심각한 것으로 보인다. 18개국을 대상으로 한 국가별 비타민 D 결핍에 대한 조사에 따르면 한국인의 결핍 정도가 가장 높은 것으로 나타났다. 이는 한국인의 암 발생률과도 연관이 있어 보이므로 비타민 D의 보충에 신경을 써야 할 것이다.

비타민 D 대사 관련 단백질로 알려진 것은 GC와 NADSYN1 유전자다. 이 유전자에 변이가 있는 사람은 혈장 비타민 D의 농도가 낮으며, 결핍증을 일으킬 확률이 높은 것으로 밝혀졌다. 서양인에 비해서 한국을 포함한 동양 전체 인구의 35% 정도가 이 유전자에 변이가 있다. 암 위험 증가 유전자의 변이와 함께 GC 유전자의 변이가 있다면 가능한 한 많은 양의 비타민 D를 섭취해 암의 발병률을 낮춰야 한다.

최근에는 비타민 D 결핍에 연관된 유전자 CYP2R1 단백질의 변이가 결핍 위험도를 2배 이상 높이는 것으로 알려졌다. 이 유전자의 변이에 의해 다발성 경화증Multiple Sclerosis의 위험도도 함께 증가하는 것으로 보고되었다.

비타민 E와 유전자

비타민 E는 지방 기름에 들어 있는 지용성 비타민으로, 대표적인 항산화 성분이다. 활성 산소로 인한 세포 손상을 줄이는 효능이 있다. 항산화 작용은 심장병이나 암 및 각종 만성 질환의 발병을 예방하고 면역 체계를 건강하게 유지하는 데 도움이 된다. 모발과 피부를 촉촉하고 윤기나게 가꿔주고 신체의 적혈구 생성을 돕는 중요한 성분이며 비타민 K 대사 과정에도 관여한다. 또한 비타민 E의 섭취가 치매나 알츠하이머와 같은 퇴행성 신경 질환의 예방에도 도움을 주는 것으로 알려졌다.

비타민 E 결핍은 근력 저하, 근육의 손실, 비정상적인 안구 운동, 시력 저하 및 불안정한 걸음걸이 등의 증상을 유발한다. 장기간 결핍이 지속될 경우 간이나 신장에 문제가 생길 수도 있다.

대부분의 사람은 비타민 E의 결핍 증상이 나타나지 않지만 일부 사람은 혈액 내 낮은 수치를 보이기도 한다. 특히 CYP4F2 유전자에 변이가 있는 사람은 비타민 E의 혈중 농도가 낮은 것으로 알려졌다. 이런 변이가 있는 사람은 비타민 E를 함유한 식품을 최대한 섭취하고, 필요시 높은 농도의 비타민 E를 영양 보조제로 추가 섭취하기를 권장한다. 하루 권장 섭취량은 성인 남성의 경우 15mg이고, 수유 중인 여성은 19mg이다. 비타민 E가 많은 음식으로는 아몬드, 시금치, 순무 잎, 식물성 오일, 아보카도, 근대, 헤이즐넛 등이 있다.

오메가-3와 유전자

오메가-3 지방산은 몸에 꼭 필요하지만 자체적으로 생산되지 않는 필수 지방산으로, 불포화 지방산의 한 종류다. 세포막을 구성하는 주요 성분이며, 혈전을 예방하고, 염증을 억제하며, 세포에 산소를 원활하게 공급해주는 기능을 한다. 주로 고등어, 참치, 연어 같은 생선과 해조류에 많고 호두, 들기름, 아마씨유 같은 식품에도 풍부하게 함유되어 있다.

오메가-3 지방산의 효능은 각종 연구 결과로 입증되었는데 심혈관 질환을 예방할 뿐만 아니라 염증 감소에도 효과적이다. 천식이나 만성 염증 예방과 치료에도 좋다. 또한 우울증이나 치매 예방에 도움이 된다는 연구 결과가 있다.

대표적인 오메가-3 계열 지방산은 DHADocosa Hexaenoic Aicd와 EPAEicosa Pentaenoic Acid다. DHA는 대뇌 해마와 망막 세포의 주성분이며, 신경 호르몬 전달을 용이하게 하고 두뇌 작용을 활발하게 돕는다. EPA는 혈중 콜레스테롤을 낮추고, 혈전을 예방하는 효과가 뛰어나 심혈관계 질환의 위험성이 높은 사람에게 꼭 필요한 영양소다. 또한 오메가-3는 비만 세포의 발현을 막으므로 비만 예방 효과도 있다고 발표되었다. 알츠하이머 치매 예방에 도움이 되고, 위험을 낮추는 것으로 알려졌지만 APOE-4형에 의한 치매 위험도를 낮추는 데에는 효과적이지 않다. 이 때문에 APOE-4형에 의한 치매의 위험성이 높은 사람에게는 식품 이외의 보조제로 섭취하기를 권장하지 않는다. 더불어 과도한 오메가-3의 섭취는 뇌졸중의 위험을 증가시킬 수 있으므로 주의해야 한다.

FADS1 유전자와 FADS2 유전자는 지방산 불포화효소 제1과 2Fatty Acid Desaturase 1 & 2 단백질을 만드는 유전자로 오메가-3와 오메가-6를 불포화시킨다. FADS 유전자에 변이가 있는 사람은 혈중 오메가-3와 오메가-6의 농도에 영향을 받는다. 따라서 FADS 유전자에 변이가 있는 사람은 더욱 신경을 써서 충분한 양의 오메가-3를 섭취해야 한다.

칼슘과 유전자

칼슘Calcium은 뼈 건강에 필수적인 미네랄로, 골다공증의 예방과 치료에 매우 중요할 뿐 아니라 심장 건강과 근육 기능에도 중요한 역할을 하며 위산을 막는 제산제로도 쓰인다. 또한 고혈압을 예방하고 생리전 증후군 증상을 완화하며, 대장암을 비롯한 각종 암을 예방하는 데 효과적이다. 칼슘 결핍의 위험이 가장 높은 사람은 폐경 후의 여성으로, 칼슘이 많은 음식과 함께 영양 보조제 섭취를 장려한다.

칼슘 감지 수용체 유전자인 CASRCalcium Sensing Receptor는 혈중 칼슘 농도에 영향을 미치며 이 유전자의 변이는 대장암의 위험을 높이는 것으로 알려졌다. 특히 마커 rs1801725의 T형을 가진 사람은 혈중 칼슘 농도가 낮은 것으로 밝혀졌다. 이 변이는 백인에서 많이 발견된다. 칼슘의 혈중 농도가 낮은 사람은 추가로 보조제로 섭취하도록 한다. 이때 비타민 D와 마그네슘도 함께 복용하면 칼슘의 흡수를 증가시킨다.

칼슘이 많은 음식으로는 우유와 치즈, 요구르트, 브로콜리, 케일, 배추, 두부가 있다. 나이를 먹을수록 충분한 양의 칼슘을 음식만으로 섭취하기 어려울 수 있기 때문에 보조 영양제를 따로 복용하기를 추천한다. 하지만 과다한 칼슘의 복용이 심근경색의 위험을 증가시킬 수 있다는 보고도 있기 때문에 심근경색의 위험이 높은 사람은 필요 이상의 칼슘 섭취를 자제하는 것이 좋다.

프로바이오틱스와 유전자

프로바이오틱스는 적당량을 섭취했을 때 인체에 이로움을 주는 살아 있는 미생물의 총칭으로 몸에 이익을 주는 유익균을 가리킨다. 현재까지 알려진 프로바이오틱스는 유산균이 대부분이다. 프로바이오틱스는 몸 안의 위산과 담즙산에서도 살아남아서 소장까지 도달해 장에서 증식하고 정착한다. 일반적으로 프로바이오틱스 제품은 젖당(락토오스)을 발효해 젖산이나 알코올을 생성시켜 만든 발효식품으로 섭취한다. 치즈와 요구르트로부터 김치와 된장에 이르기까지 발효를 이용한 음식에 많이 들어 있다. 최근에는 이런 식품뿐 아니라 건강기능식품을 통해 많이 섭취하기도 한다.

　몸속에 사는 세균의 약 80%는 장에 서식한다. 장내 각종 유해균이 서식하면 비만, 당뇨병 같은 대사 증후군을 발생시킬 수 있다. 반면 장에 유익균이 많으면, 건강과 면역 기능에 이로움을 줄 수 있다. 유산균은 유익균으로 장 속에 주로 서식하며 면역력을 높이고 생체 순환에 큰 역할을 한다.

프로바이오틱스의 섭취는 건강한 상태를 유지하는 데 도움을 줄뿐더러 과민성 대장 증후군, 염증성 장 질환 등 다양한 질병의 개선에도 효과적이다. 프로바이오틱스는 유당분해효소 결핍증을 개선하고, 결장암을 예방하며 콜레스테롤 및 혈압을 낮춰준다. 면역 기능 개선, 감염 예방, 스트레스로 인한 유해한 세균의 성장 방지 등의 역할도 수행한다. 최근에는 일부 유익균이 우울증을 개선하는 효과가 있는 것도 보고되었다.

이러한 장에 살고 있는 세균들은 식생활에 따라 구성이 바뀌는데, 과일이나 채소의 섬유소를 섭취할 경우 유익균의 수가 증가하는 반면 육류, 인스턴트식품 등을 먹으면 유해균이 증가해 이들의 독성 물질로 인해 염증이나 다른 질환이 생길 수 있다.

프로바이오틱스 종류별 건강 관련 효능과 효과

1. 락토바실러스 람노서스 *Lactobacillus Rhamnosus*

전반적인 소화력 향상에 도움을 주며 설사, 내장 세포의 사멸을 막아 내장 궤양을 치료하는 역할을 한다. 대장균, 포도상구균 등에 대한 항생 효과가 있다. 요도, 여성의 질 등 생식기 계통의 기관에 서식하며 각 기관을 건강하게 보호한다. 알레르기를 완화하는 역할을 해 피부염, 습진, 여드름, 아토피 등을 치유한다. 체중 감소에도 효과가 있다.

2. 락토바실러스 루테리 *Lactobacillus Reuteri*

루테리균은 헬리코박터균으로 인한 위궤양, 염증성 장 질환, 과민성 대장 증후군, 기능성 위장 장애 등 소화기 계통의 이상에 가장 큰 효과를 보인다. 항진균 기능으로 칸디다증에도 효과가 있다. 백혈병의 예방과 치유 그리고 간 손상 예방에 도움을 줄 수 있으며 알레르기와 피부염에도 효과가 있다. 병원성 대장균, 클로스트륨 디피실, 살모넬라균, 비브리오 콜레라 등과 같은 균에 대한 항생 효과가 있다.

3. 락토바실러스 아시도필루스 *Lactobacillus Acidophilus*

비타민 K, 락타아제, 항생 물질들을 생성한다. 락타아제를 생산하는 효능으로 유당(락토오스)을 분해한다. 유당 불내증이 있는 사람이 이 유산균을 섭취하면 도움을 받을 수 있다. 전체적인 소화 기능, 장내 환경, 면역력을 개선한다. 헬리코박터균으로 인해 발생하는 위염, 위궤양, 위암을 예방해준다.

4. 락토바실러스 카세이 *Lactobacillus Casei*

젖산을 생성해 장내 환경을 개선하고 아밀라아제 효소를 생성해 소화를 돕는다. 유당 분해 효소를 생성해 유당 불내증에도 효과가 있으며 전반적인 소화력을 개선한다. 발암 물질인 헤테로사이클린 아민류를 제거한다. 류마티스 관절염의 예방과 치유에 도움을 줄 수 있다.

5. 락토바실러스 브레비스 *Lactobacillus Brevis*

염증을 치료하는 능력이 탁월하다. 헬리코박터균으로 인한 각종 질환에 효과적이고 전반적인 면역력을 개선할 수 있다.

6. 락토바실러스 불가리쿠스 *Lactobacillus Bulgaricus*

면역력 개선, 병원체에 대한 항균 작용, 소화력 향상, 유당불내증 개선, 변비 및 설사 등의 장 질환에 도움이 된다. 췌장암 예방과 치료에 도움이 될 수 있다.

7. 락토바실러스 퍼멘툼 *Lactobacillus Fermentum*

항산화 능력이 아주 탁월하다. 여성의 질에 상주하며 부인과 질환 예방과 치료에 도움을 줄 수 있다. 살모넬라균과 대장균에 대한 항균 작용이 알려졌다. 장내 면역계를 향상시킬 수 있다. 동맥경화 예방과 알레르기 감소에 도움이 된다.

8. 락토바실러스 파라카세이 *Lactobacillus Paracasei*

항암 작용이 알려져 있으며 장내 스트레스 환경을 개선해 복통, 설사, 변비 등의 복부 질환에 도움이 된다.

9. 락토바실러스 플랜타룸 *Lactobacillus Plantarum*

전반적인 면역력을 향상시킬 수 있고, 항균 물질인 락톨린을 형성해

포진 바이러스에 도움이 된다. 흡연으로 인한 호흡기 질환에 도움을 준다. 칸디다균, 화농성 세균인 포도상구균, 대장균에 대한 항균 능력이 있다. 음식에 포함되어 섭취하는 독소를 제거하는 데 도움을 준다. 각종 비타민 합성에 관여한다.

10. 락토바실러스 살리바리우스 *Lactobacillus Salivarius*

소화 후 남아 있는 단백질을 마저 분해해 장을 청소한다. 젖산을 많이 생성해 장내 환경을 개선한다.

11. 락토바실러스 가세리 *Lactobacillus Gasseri*

신진대사를 활발하게 함으로써 체중 감소, 특히 복부 지방을 감소시키는 데 효과가 있다. 알레르기와 천식 예방과 치료에 도움을 줄 수 있다. 자궁내막증 치료에도 효과가 있다.

12. 비피도박테리움 비피덤 *Bifidobacterium Bifidum*

여성 질환에 효과적이다. 백혈구 증식을 촉진해 면역력을 개선할 수 있다.

13. 비피도박테리움 롱검 *Bifidobacterium Longum*

불안증과 우울증을 개선한다. 대장 질환을 예방할 수 있고 장내 염증 발생을 억제한다.

14. 비피도박테리움 락티스 *Bifidobacterium Lactis*

유당을 분해하는 효소를 생성해 유당 불내증에 효과가 있고, 전반적인 소화를 돕는다. 면역 세포를 활성화해 면역력 개선에 도움이 된다. 항생제로 인한 급성 설사를 개선한다. 호흡기 관련 질환 및 감염의 예방과 증상 완화에 효과가 있다.

15. 비피도박테리움 브레베 *Bifidobacterium Breve*

대장에서 각종 대장 증후군을 예방하고 대장균을 억제하는 효과가 있다.

16. 비피도박테리움 인판티스 *Bifidobacterium Infantis*

면역 물질의 생성을 촉진해 면역력을 개선할 수 있고, 유해균을 억제해 장 기능 개선에 도움을 줄 수 있다.

17. 바실러스 코아굴란스 *Bacillus Coagulans*

염증성 장 질환, 설사, 과민성 대장 증후군 치료에 도움이 된다. 백신과 함께 사용하면 백신의 효과를 상승시킬 수 있다. 암 예방에 효과 있으며 호흡기 감염을 예방할 수 있다.

18. 스트렙토코커스 서모필러스 *Streptococcus Thermophilus*

유당을 분해하는 효과가 있어 유당 불내증이 있는 사람에게 유익하다. 항암 작용이 알려져 있다.

19. 엔테로코커스 패시움 *Enterococcus Faecium*

유해균에 대한 항균력이 있고, 중금속인 카드뮴을 몸속에서 제거하는 효능이 있다는 것이 알려졌다.

Part IV

10장
개인 유전체,
혁명적 변화의 시작

Personal Genome Revolution

유전체 정보 시대에 생각해야 할 것

앞서 우리는 개인 게놈 혁명과 유전자와 질병 간의 관계 등을 두루 살펴보았다. 이제는 제4차 유전체 혁명 시대에 유전체 정보가 개인 및 이 사회와 세계에 어떤 변화를 가져올지 생각해봐야 할 시점이다. 먼저 유전체 혁명 시대를 맞이해 가장 심사숙고해야 하는 부분은 개인의 유전체 분석으로 인해 직면하게 될 엄청난 양의 정보가 어떤 이익을 주고, 어떤 불이익이나 해로운 결과를 줄 것인가 하는 문제다. 같은 정보라 하더라도 어떻게 그 정보를 이해하고 활용하고 대처하느냐에 따라 이롭거나 도움이 되지 않거나 심지어 해로울 수도 있다.

누구나 쉽게 유전체 분석 정보를 가지고 그 내용을 알 수 있게 되는 시대의 변화에 어떻게 대처해야 할 것인가는 매우 민감한 문제다. 유전자를 통해 건강과 질병에 대한 정보를 일반인들이 알 수 있게 되는 것에 제한을 두고 막는 일이 바람직한가도 모두가 깊게 고민해봐야 한다. 법적으로 본인의 정보에 대해 알고자 하는 권리를 박탈하는 문제가 될 수 있다.

유전체 데이터를 통해서 알 수 있는 정보는 너무나 방대하고 다양하다. 그중에서도 건강과 질병에 대한 정보는 기존에 알던 의료에 대한 개념을 넘어 가족과 후손에까지 영향을 줄 정도로 복잡하고 민감한 문제로 연결된다. 기존의 의료 차원에서 볼 때 유전체 검사는 질환의 증상이 있거나 의심되는 환자들의 진단이나 치료용으로 시행했기 때문에 기존의 의료 규정과 체계 안에서 운영되었으며 이에 따른 시스템이 잘 만들어져 있다. 하지만 건강한 사람들의 개인 유전체 검사로부터 나오는 결과는 생각하는 것처럼 간단하지 않다. 개인 유전체 검사는 특정 질병의 진단이나 치료가 목적인 일반 환자 유전체 검사와 근본적으로 다르다. 어떤 질병의 예측이나 유전체 검사를 통한 선제적인 의료 행위에 대해서는 대다수의 나라에서 접해본 적 없는 새로운 분야인 것이다. 유전적 질병 예측이나 개인의 특성에 관계된 유전체 정보를 의료 분야에서 다루어야 할지 아니면 개인 정보 차원에서 처리해야 할지도 불분명한 부분이 많이 있다.

거의 모든 나라에서 유전체를 활용한 예측과 예방 질병 분야와 소비자 관심 유전체 검사 분야에 대한 법적, 사회적인 의견도 불분명할 뿐 아니라 전문적인 지식과 소견을 갖춘 인력과 기관도 절대적으로 부족한 점 또한 문제다. 이러한 난제를 해결하기 위해선 각계각층의 전문가로 구성된 교육 시스템을 구성해야 한다. 기존의 의료계, 과학계는 물론 상담을 할 수 있는 전문가들의 재교육 시스템을 만들어 기존의 인력과 제도를 최대한 활용할 수 있도록 하는 것도 고려해야 한다. 구시대적인 제도와 규제, 특정 집단에 배타주의적인 접근 방식은 유전체 분야의 기술 발전과 사회의 변화를 따라가지 못한다.

미국의 경우 환자의 질병 치료와 진단에 관계된 유전체 검사의 경우 기존의 의료 시스템을 중심으로 진행된다. 반면 건강한 일반인을 상대로 하는 유전체 검사는 인가받은 DTC 업체나 다양한 연구 및 의료 기관을 통해 실시하더라도 그 정보의 근본적인 주도권은 각각의 개인에게 일임한다. 정보 분석 서비스는 비의료 기관을 통하더라도 유전자 상담사Genetic Counselor나 자격을 갖춘 의료인을 통해 자문할 수 있는 시스템으로 확장해가고 있다.

한국의 경우, 2016년도 승인된 12가지 DTC 검사 항목만 비의료 기관을 통해 개인이 직접 유전체 검사를 할 수 있다. 하지만 서비스에 대한 전문가의 상담이나 의료인의 자문은 제대로 이루어 지지 않고 있는 것이 현실이다. 유전자 상담사의 역할이 아직 기존의 제도권에서 활용되지 못하고 있다. 앞으로 이 분야에 좀 더 체계적인 시스템을 만들고 그에 맞는 교육과 지원, 사회적인 인식을 갖추는 것이 절실하다.

한국의 의료 체계는 많은 선진국에서도 부러워하는 효과적인 국가주도의 단일 헬스케어 시스템이다. 그럼에도 질병에 대한 예측 진료나 진단은 기존의 의료 체계에서 인정되지 않고 있다. 이에 따른 정부의 적극적인 지원도 아직은 기대하기 어렵다. 유전체 검사에 의한 예측과 예방은 단순 진찰과 치료뿐 아니라 전문 상담이라는 과정을 거쳐야 하기 때문에 더욱 어려운 부분이다.

이런 와중에 한국에서도 일부 의사가 주축이 되어 유전체 전문 분석 업체 및 전문가들과 협력한 유전체 기반의 예측 의학 및 건강 관리 종합 헬스케어 서비스를 시작했다. 이 분야에 대한 자체 교육과 함께 환자나 개인을 대상으로 유전체 데이터와 그들의 건강 상태를 종합한 정밀 의학에 바탕을 둔 서비스를 시도하고 있는 것이다. 개인 유전체 데이터를 기반으로 한 검사와 이 결과를 활용한 건강 관리 및 예측과 예방 의학을 개원의 차원에서 환자나 고객에게 제공하기 위해 지노닥터GenoDoctor란 서비스로 시행하고 있다.

이러한 건강 정보에 기반한 종합 헬스케어 서비스는 기존의 의료 기관이나 병원에서 시행하는 일회성 단순 검사 서비스가 아니다. '개인 유전체 정보'에 기반을 둔 미래 지향적 정밀 맞춤 의료란 면에서 큰 차별점이 있다. 이러한 시도가 제대로 정착된다면 기존의 의료 시스템을 활용해 효과적으로 구축한 유전체 정보 기반 맞춤 정밀 의학 시스템이 한국에서 자리매김할 수 있을 것이다.

의사 중심의 개인 유전체 서비스는 아직 시작 초기여서 활성화되려면 더 긴 시간이 필요하겠지만 시스템이 제대로 정착되기만 한다면 4차 산업 혁명 시대를 대비하는 대한민국이 개인 유전체 혁명에 큰 기여를 함과 동시에 우리의 건강과 행복을 증진할 수 있을 것으로 기대된다. 단, 시스템이 제대로 정착되기 위해서는 산업계와 의료계, 정부와 규제 당국 간의 긴밀한 협조와 경제적인 지원 및 홍보가 절실하다.

개인 유전체 정보를 활용한 예측과 예방 의학은 새로운 의료의 패러다임이다. 예측 의학을 통해 유전체 검사를 시행한 환자가 질병 예방을 위해 적극적으로 대처하고 관리하게 만들 수 있어야 한다. 유전체와 건강 정보의 종합적인 분석에 바탕을 둔 예측을 통한 질병의 예방은 국가의 의료비를 낮추고 환자의 고통과 비용을 최소화할 수 있는 최상의 선택인 것이다.

DNA 앱스토어와 유전체 데이터 플랫폼

2016년 미국 「MIT 기술 리뷰」에서 2016년 10대 혁신 기술10 Break-through Technology Of The Year 중 하나로 DNA 앱스토어를 선정했다. 이는 조만간 많은 사람이 개인 유전체 분석을 수행하게 될 것이고, DNA 정보를 기반으로 한 개인의 건강 관리가 이루어질 뿐 아니라 개인 유전체 분석에 맞춘 다양한 서비스나 상품을 대상으로 한 온라인과 모바일에서의 공급과 수요가 일어날 것이라는 예고나 다름없다.

DNA 앱스토어의 탄생은 예견된 상황이었다. 4차 유전체 혁명의 시작과 함께 미국을 중심으로 유전체 분석에 대한 기술의 발전과 규제의 완화 등이 진행되어 새로운 유전체 산업의 탄생이 급격히 이루어지고 있었기 때문이다. 그 변화에 부응하는 신산업이 개인 유전체 정보를 기반으로 한 플랫폼 시장의 탄생이고, 그 플랫폼을 이용하는 수단이 바로 DNA 앱스토어다.

DNA 앱스토어는 다양한 산업 생태계에서 발생하는 사업 기회에 대한 수익을 고객과 공급자, 플랫폼 개발자가 공유하는 모델이다. 유전체 빅데이터에 대한 관심과 함께 그 효용성이 증가하고 있다. 소비자 유전체 데이터에 관심을 가지는

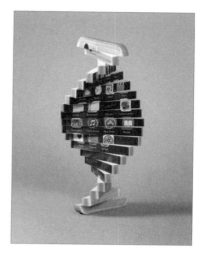

그림 46 DNA 앱스토어 2016 MIT 10대 혁신 기술 선정. DNA 정보를 기반으로 하는 앱스토어의 탄생을 2016년 10대 혁신 기술로 선정했다. 이로써 본격적인 본인 주도의 개인 유전체 시대가 열린다.

기업과 연구소가 점점 많아지면서 그 데이터를 활용한 다양한 신약 및 진단 연구, 새로운 상품 개발까지 활용 기회가 확장되고 있다. 이 사업은 개인 유전체 빅데이터를 기반으로 이루어지기 때문에 사업의 가장 큰 구심점은 개인의 유전체 데이터My Genome Data다. 이 데이터를 기반으로 다양한 생태계가 구성되고, 그 생태계 안에서 다양한 사업 기회가 만들어지면서 사람들은 자신의 유전체 데이터를 기반으로 앱스토어라는 인터넷 모바일 인터페이스를 통해 다양한 거래와 활용을 하는 것이다.

이제 전 세계의 모든 사람을 상대로 자신의 유전체 정보에 기반

을 둔 소셜 네트워킹 또한 성립되기 시작했다. 비슷한 유전적 질환이
나 증상이 있거나 개인적 특성과 유전적 연관을 갖는 사람들끼리 서
로 연결되어 지식과 정보를 공유하며 친구가 되거나 새로운 기술 개
발과 사업 구상을 함께 하는 파트너가 될 수 있는 시대가 되었다. 다
음 세대의 발전은 실험실이나 연구실, 사무실에서 벗어나 소셜 네트
워킹으로 서로 간의 질병 유전자를 찾고 개발 회사나 연구자에게 그
정보를 공유함으로써 새로운 치료법이나 예방법을 개발하는 것도 가
능하다. 앞으로의 혁신은 온라인상의 가상공간에서 이루어지는 가상
임상 실험에 의해서 신약이 개발되고, 새로운 진단 마커들을 고객들
자신의 데이터로 찾을 수 있는 참여 의학Participatory Medicine으로 실현
되기 시작할 것이라는 의미다. 물론 데이터를 기반으로 하는 공유 경
제라 하더라도 공공적으로 개인의 유전체 정보가 무작위로 노출되는

것은 아니다. 개인의 유전
체 활용에 필요한 최소한
의 정보가 본인의 동의 아

그림 47 DNA 데이터 기반 공유 경
제 플랫폼. DNA 데이터에 기반을 둔
다양한 공유 경제 플랫폼 사업이 시작
되었다. 이 플랫폼에서 개인의 유전체
데이터를 중심으로 다양한 바이오와
IT 산업이 탄생하고 있다. 또한 플랫폼
을 기반으로 소비자와 공급자가 연결
되고, 관심을 공유하는 사람들끼리 소
셜 네트워킹과 더불어 가상공간에서
의 연구와 개발 또한 진행할수 있다.

래 안전하게 제공되거나, 웹 플랫폼에서 본인이 응용 애플리케이션을 구매해 사용하면 자동으로 데이터가 처리되도록 만드는 방법으로 고객이 자신의 유전체 데이터를 직접 쉽게 분석하고 활용하는 주체가 될 수 있는Do It Yourself; DIY 플랫폼을 구현하는 것이다.

암호화된 화폐Cryptocurrency인 비트코인Bitcoin으로 관심이 높아진 블록체인Blockchain 기술의 활용도 관심사다. 최근 블록체인 기술이 유전체와 헬스케어 데이터와 같은 민감한 정보를 안전하게 검색하고 보관하며 그 정보를 바탕으로 신약 및 의료 기술을 개발하는 데 활용되기 시작했다. 이러한 회사들은 안전하게 개인의 유전체 데이터를 보관해주며, 데이터를 필요로 하는 회사나 연구소의 과학자나 연구자에게 연결해주고, 그 수익과 가치를 공유하는 시스템을 만들

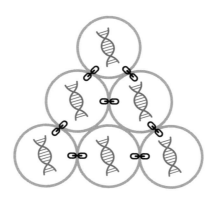

그림 48 개인 유전체 데이터의 블록체인(Blockchain)기술. 최근 데이터 보안성과 활용성이 점점 중요해지면서 개인 유전체 데이터의 블록체인화를 통한 연구와 사업화를 위한 다각적인 시도가 이루어지고 있다. 이러한 블록체인 기술을 활용하면 기존의 일부 회사가 장악하고 있는 유전체 데이터 기반 사업이 개인의 영역으로까지 확장될 수 있고 보안성, 활용성 및 거래의 투명성까지 확보 가능하다고 보기 때문에 최근 다양한 관심을 갖게 되었다.

고 있다. 유전체 데이터를 가지고 있는 본인들이 그 정보의 주체가 될 수 있다는 면에서 차세대 유전체 정보 기반 공유 플랫폼으로 크게 관심을 갖기 시작했다. 이제 우리는 우리 자신의 개인 유전체 정보를 분석하고 이해하는 단계에서 그 정보에 바탕을 둔 다양한 활용뿐 아니라 그 정보를 기반으로 직접 사업화를 할 수 있는 기회의 시대를 맞이한 것이다. 개인의 유전체 데이터를 블록체인 기술을 기반으로 사업화한 회사들이 최근 설립되었는데 미국의 일루미나사 출신 팀이 주축인 루나Luna DNA와 하버드 의과대학의 조지 처치Gerogy Church 랩으로부터 시작한 네뷸라 제노믹스Nebula Genomics다.

개인 유전체 데이터를 기반으로 세계 최초의 열린 공유 경제 DNA 플랫폼을 실현한 회사가 2015년 설립된 한국의 마이지놈박스MyGenomeBox사이다. 그 이후에 미국의 헬릭스Helix, 시퀀싱닷컴 Sequencing.com 같은 회사가 유전체 데이터를 기반으로 한 다양한 공유 경제 플랫폼 모델을 만들기 위해 치열한 각축전을 벌이고 있다. 마이지놈박스와 시퀀싱닷컴의 경우 개방형 앱스토어와 개방형 유전체 데이터 모델로 자신의 유전체 데이터를 가진 사람은 누구나 사용할 수 있도록 지원하고 있다. 헬릭스의 경우는 개방형 앱스토어이지만 폐쇄형 유전체 데이터 모델로 자체적으로 제공하는 엑솜 데이터만을 활용하는 방식이다.

앞으로도 유전체 데이터에 기반을 둔 애플리케이션 플랫폼 회사가 많이 생겨날 것이다. 이러한 DNA 앱스토어를 바탕으로 한 유전체 플랫폼 회사야말로 4차 산업 혁명을 주도하면서 다양한 신사업을 탄생시키고 새로운 직업을 만들며 고용을 확대시키는 미래 산업의 주역이 될 것으로 기대된다.

유전체 연구와 산업의 도덕적, 법적, 사회적 이슈

유전체 분석으로 얻는 정보로부터 유전학이 줄 수 있는 이득은 많다. 하지만 그에 따른 도덕적, 사회적, 법률적 이슈도 생겨나게 마련이다. 서양에서는 유전체 검사에 따른 다양한 이슈를 유전체 EL-SIEthical, Legal, and Social Implications of Genomics라 칭하고 다양한 연구와 검토를 해왔다.

미국은 인간 유전체 프로젝트가 시작되던 1990년 ELSI 프로그램을 시작했다. 인간 유전체 연구로부터 영향을 받을 수 있는 사회적 문제들을 다루는 것이 이 프로그램의 목적이다. ELSI는 유전체 정보로부터 파생하는 프라이버시 문제와 공정성, 고용이나 보험에서 발생할 수 있는 유전적인 차별에 집중했다. 새로운 유전체 기

게놈혁명 : 호모 헌드레드 프로젝트

술을 임상 의료에 적용하는 문제, 유전체 연구 계획과 실행에 따른 환자의 동의 과정에서 발생할 수 있는 도덕적 문제, 유전체 연구와 연관된 복합적 이슈에 대한 의료 전문가, 정책설립자, 일반인 등을 대상으로 한 교육도 다루고 있다. 유전체 분석과 유전체 데이터를 둘러싼 여러 사회적, 윤리적 쟁점은 법적, 도덕적 권리 문제에 국한되지 않는다. 질병과 건강의 정의, 과학적 타당성 해석과 평가, 특허 대상의 법적 정의와 사회적 합의 등 많은 까다로운 주제들과 연결되어 있다.

개인 유전체에 관련한 정보는 질환의 진단이나 예측 등의 의미를 넘어서 개인과 그 가족, 심지어는 그 집단에 대한 심리적, 사회적 문제까지 확장될 수 있기 때문에 무척 민감한 정보로 간주해야 한다. 유전체 검사의 남용으로 인한 유전적 차별Genetic Discrimination, 유전적 결정론Genetic Determination, 유전적 낙인Genetic Stigmatization 등의 부작용이 대두되기 시작한 이유다. 특히 새로운 유전체 해독 기술의 개발과 가격의 급격한 하락으로 그 수요가 기하급수적으로 증가하기 시작하면서 그 정보의 관리와 이용이 큰 사회 문제로 대두되고 있다. 최근 의사나 전문가를 거치지 않고 소비자들이 직접 유전자 검사를 시행하는 상황이므로 유전체 검사의 남용이나 부작용의 피해가 더 많이 발생할 수 있다.

이런 이유로 미국의 경우 유전체 검사를 유전자형Genotype과 돌연변이Mutation, 또는 인간의 염색체 변화Chromosomal Changes를 알아낼 수 있는 인간의 DNA, RNA, 염색체, 단백질 또는 대사산물Me-tabolites을 분석하는 행위로 좀 더 구체적으로 정의하고 있다. 분석은 연구 목적, 의료 목적 또는 개인적인 이유로 실시될 수 있다.

그리고 미국은 유전체 검사에 대한 정보를 아래와 같이 구체적으로 정의하고 있다.

1. 연구를 포함한 개인의 유전적 검사로부터 얻어지는 정보
2. 가족의 유전자 검사로 얻어지는 정보
3. 수정란을 포함한 태아에 대한 유전적 정보
4. 유전적 가족 내 질병이나 질환의 정보
5. 개인과 가족을 포함한 유전자에 기반을 둔 검사나 카운슬링 또는 교육을 포함하는 모든 임상학적 연구로부터의 정보

이 외에도 미국은 유전자와 의료 관련 정보의 보호와 관련해서 HIPAAHealth Insurance Portability and Accountability Act를 통해 유전체 검사로부터 얻은 결과에 대해 의료 정보 차원에서 유전 정보의 보호를 시행하고 있다. 프라이버시 규정을 통해 건강 정보와 개인 식별 정보가 결합한 형태의 정보를 보호받는 건강 정보Protected Health Information; PHI로 취급한다. 그리고 별도의 관리 규정을 마련해 의료 정보를 취급하는 대상에 따라 정보의 이용 및 공개에 대한 세분화된 원칙을 적용하고 있다.

2008년 당시 부시 대통령이 지나GINA; Genetic Information Non-discrimination Act 법안에 서명함으로써 유전 정보에 기인한 취업과 건강보험 가입의 차별을 법으로 금지하게 되었다. 하지만 이 GINA는 건강보험에만 적용될 뿐 생명보험 또는 신체 질환으로 인한 피해를 보상하는 상해보험에는 적용되지 않기 때문에 벌써 유전체에 의한 보험 가입 차별 현상이 일어나고 있다. 많은 보험 상품이 유전체 검사나 유전체 정보에 기반을 두고 새로 만들어지고 있는 것도 현실이다. 물론 많은 경우 유전체 검사나 그 정보는 옵션의 형태로 선택 사항이지만 그 선택에 의해 역으로 혜택을 주게 된다면 검사를 하지 않는 사람은 불이익을 당하는 결과가 된다.

한편 미국을 포함한 대부분의 나라에서는 유전자 검사를 하고 유전체 정보를 얻는 검사 실험실을 엄격한 법적 기준에 의해서 허가하고 관리하고 있다. 미국의 경우 유전체 임상 검사실의 허가와 정도 관리 규정은 CMSCenter for Medicare & Medicaid Service 센터에서 시행하고 있는 CLAI−88Clinical Laboratory Improvement Amendment-1988이라는 개선안에 의해서 시행되고 있다. 소비자 직접 의뢰 검사인 DTC도 이런 기준으로 승인된 실험실을 통해서만 유전자 검사를 시행할 수 있도록 규정하고 있다.

하지만 다양한 사업이 글로벌화되고 있고, 해외의 규정이 다른 지역에서 유전체 검사를 받는 것이 보편화되기 시작하면서 어느 한 나라나 지역적인 노력으로 일반 대중의 유전체 검사와 유전체 정보의 활용을 규제하는 것이 불가능해지고 있다. 이런 현실적 상황을 인식한 미국 정부는 2015년 정밀 의료 계획Precision Medicine Initiative 을 발표하고, 개인의 유전체와 건강 정보, 환자의 임상 정보 및 생활 습관 정보Life Log의 통합 분석을 통한 개인별 맞춤형 의료 서비스를 준비하기 시작했다. 유전체 정보를 포함한 다양한 건강 관련 빅데이터 기술을 기반으로 한 새로운 의료 개혁을 추진하기로 한 것이다. 이러한 정밀 의료 분야는 미국의 오바마 행정부를 비롯해 일본, 영국, 중국 등이 적극적으로 동참했고 한국도 2016년 정부 차원의 정밀 의료 사업을 시작했다.

한국의 경우, 2016년 6월부터 보건복지부령에 의해 일부 제한된 항목에 대해 소비자 직접 의뢰 유전자 검사 서비스DTC Genetic Testing를 허용했다. 2017년에는 그동안 생명안전 윤리법으로 금지했던 일부 유전체 검사에 대해 재승인하기도 했다. 이는 생명안전윤리법에서 유전체 검사와 유전 정보의 보호를 규정하고 있으나, 제도가 현실을 반영하기에는 많은 어려움이 있다는 점을 인정한 것이나 마찬가지다. 규제로 통제하고 관리하는 것이 현실적으로 불가능한 시대가 되었다는 것을 한국의 관계 기관들도 파악한 것이다. 과도한 규제나 법률이 과학기술과 산업 발달을 저해하고 신생기업의 창의성에 해를 줄 수 있으며, 구시대적인 제도로 인해 한국의 국제적 경쟁력이 상실될 수도 있다는 위기감을 정부 당국도 인식하기 시작했다고 본다.

계놈혁명 : 호모 헌드레드 프로젝트

그렇다면 유전체 정보에서 가장 민감한 논란에는 어떤 것이 있을까? 바로 유전체 정보의 주체와 소유에 관련된 문제다. 정보의 주체에 따라 정보의 활용성과 민감성이 완전히 달라질 수 있는 것이다. 전통적으로 대부분의 유전체 분석은 의료기관을 통해서 실시했고, 그 내용 또한 질병의 진단과 같이 의료에 관계된 것이었다.

하지만 최근 들어 현재의 질병과는 상관없는 미래의 질병 예측과 잠재 질병 유전자 검사나 건강과 무관한 개인의 관심에 따른 유전체 검사가 다양하게 이루어지고 있다. 이것을 의료 정보로 봐야 하는지 개인 정보로 봐야 하는지에 대한 많은 이견이 있다. 질병 예측의 경우, 결과가 통계적이고 상대적인 위험 수치로 나오는데 이를 의료 정보로 간주하기는 쉽지 않은 부분이 있다. 그래서 미국 FDA는 2016년 잠재 질병 유전자와 보균 질병 유전자 검사의 개인 유전체 서비스도 허용해주기 시작했고, 2017년부터 치매를 포함한 질병 예측 서비스를 소비자 직접 의뢰 유전자 검사 서비스를 통해서 실시할 수 있도록 승인했다. 2018년 3월 유방암 위험도를 예측할 수 있는 BRCA 유전자 일부 변이 검사도 DTC 항목으로 허가해 줌으로써 미국은 특정 유전자 관련 질병 진단을 제외한 거의 모든 유전자 분석을 소비자가 직접 의뢰하고 관리하는 개인 정보 차원에서 시행하고, 그 정보를 본인들이 직접 활용할 수 있는 법적인 제도를 확립했다.

이것은 미국이 2015년부터 추진하고 있는 정밀 의학 사업과도 밀접한 관계가 있다. 정밀 의학은 기본적으로 유전자 데이터를 포함한 다양한 개인의 건강 및 의료 정보를 통합해서 개인 맞춤 서비스로 전환함으로써 좀 더 효과적인 의료 시스템이 되도록 하기 위한 것이다. 이를 위해서 많은 제약이 있는 의료 관련 정보가 개인 정보로 관리되고 활용되어야 한다. 미국의 당시 오바마 행정부는 개인의 유전체 데이터를 포함한 의료 정보의 소유와 주체에 대해 연구를 통해 추진된 것이든, 임상적으로 생성된 것이든 개인에게 소유권이 있는 정보이며 개인에게 활용할 책임이 있음을 강조했다. 즉, 미국 행정부가 정밀 의학 사업의 일환으로 추진하는 100만 명 유전체 분석 데이터도 정보를 개인 소유할 수 있을 뿐 아니라 주체적으로 활용하게 하겠다는 것이 방침이다.

이것은 기존의 정부나 기관이 주도하는 연구와는 완전히 다른 개념이다. 이전에는 임상시험 심사위원회IRB; Institutional Review Board에 기반을 둔 연구 결과와 데이터의 경우 환자나 참여자는 소유할 수도, 접근해서 활용할 수도 없었다. 이로써 지난 10여 년 동안 논쟁의 중심이었던 개인 유전체 정보의 주체와 활용에 대한 기본적인 방향이 미국에서부터 정립되기 시작했다.

한국의 경우 개인 유전체 정보나 개인 의료 및 건강 정보에 대한 정확한 지침이 아직은 만들어지지 못하고 있지만 다양한 검토와 연구를 통해 조만간 구체적이고 객관성 있는 정책이 나올 것을 기대한다. 그간 의료계와 산업계 간에 많은 이견이 있었지만 결과적으로는 개인의 정보에 대한 권리를 침해하거나 제한하는 것이 국민에게 도움이 되지 않는다고 판단할 것으로 보인다. 이를 위해 정부, 학계, 의료계를 포함한 모든 관계자의 적극적인 참여와 문제 해결을 위한 노력이 절실하게 필요하다.

개인 유전체 정보의 공개와 기부

유전체를 연구하는 기본적인 방법은 통계적 연구다. 어떤 특정 질병을 가진 환자들의 유전체를 정상인의 것과 비교함으로써 그 차이점을 찾아내고 그것을 기반으로 질병 치료나 진단의 타깃 유전자를 찾고, 질병 예측을 할 수 있는 바이오 마커를 발견하는 것이다. 통계적 연구란 가능한 한 많은 사람의 것을 비교해야 그 의미와 가치가 높아질 수 있고 정확도와 정밀도가 향상된다. 그래서 대부분의 유전학 연구는 집단유전학 방법 연구로, 많은 참여자의 유전체 정보와 건강, 질병 정보를 바탕으로 이루어진다.

지금까지 유전 연구의 가장 큰 걸림돌은 연구에 참여할 임상 실험 환자를 찾아 모으고, 동의를 받고, 환자의 유전체를 실험실에서 검사하고, 그들의 건강이나 임상 정보를 모으는 과정이었다. 이 과정에 유전체 기반 연구의 거의 모든 시간과 비용 그리고 노력이 들어갔다. 비효율적인 점은 이러한 용도로 모은 환자의 정보와 임상 데이터가 기존의 연구 이외에는 사용할 수 없었다는 것이다. 새로운 연구를 위해서는 새로운 연구를 디자인해야 하고 환자를 처음부터 다시 모아야만 하는 것이 기존의 임상 연구와 연구 윤리의 한계였다.

만약 많은 사람의 유전체를 분석한 것이 이미 저장되어 있으며, 그에 대한 의료 정보와 건강 정보를 다양한 연구나 개발에 사용 가능하다는 점에 대해 미리 동의가 있었다면 모든 유전체 연구는 아주 쉽고 간단하게 할 수 있을 것이다. 요즘 이러한 연구를 기존의 환자를 기반으로 하던 임상 연구와 구분 지어서 가상 임상 실험Virtual Clinical Trial이란 말을 쓰기 시작했다. 이는 임상 실험을 위해 임상 연구 센터나 의사를 찾아가지 않고, 스마트폰이나 웨어러블 디바이스, 클라우드에 저장된 다양한 개인의 임상과 건강 정보를 수집하고 활용해 필요한 검사를 원격으로 하는 것을 말한다. 가상 임상 실험은 다양한 설문이나 상담을 통해 참여자에 대해 필요한 정보를 쉽게 확보할 수 있다. 이러한 새로운 패러다임의 임상 연구는 다양한 연구와 개발 분야에서 이용되기 시작했으며, 미래 임상 실험의 상당 부분을 대처할 것이다. 유전체 연구에서 환자를 따로 모으는 것이 아니라 이미 확보된 참여자의 유전체 데이터와 임상 데이터를 이용해서 연구와 개발을 진행하게 되는 것이다.

세계 최대의 개인 유전체 소비자 직접 의뢰 검사 회사이자 구글의 연계 회사인 23앤드미23andMe의 경우, 2016년 23앤드미 제약 회사Pharmaceuticals를 설립하면서 3000억 원 이상의 자금을 모으고 그동안 개인 유전체 서비스로 확보한 200만 명 이상의 개인 유전체 데이터와 고객 정보를 기반으로 한 신약 개발 회사가 되겠다고 발표했다. 또한 23앤드미는 로슈Roche 계열의 바이오 신약 개발 회사인 제넨텍Genentech과 7000억 원 규모의 고객 유전체 데이터베이스 공동 이용 계약을 발표하고, 유전체 데이터를 이용한 파킨슨 질병의 신약 공동 개발 연구를 진행한다고 밝혔다. 이에 앞서 임상 계약 연구 회사Contract Research Organization; CRO로 잘 알려진 코반스Covance 역시 특정 유전형을 가진 암 환자 1000명의 유전체 정보를 제공하고 글로벌 제약사로부터 500억 원을 받았다고 발표했다. 이처럼 최근 들어 유전체 데이터 정보의 가치가 임상 실험의 핵심 가치로 부각되기 시작했다. 많은 신약이 개인의 유전적 차이에 따른 맞춤 약으로 개발되기 시작하면서 유전체 정보의 가치는 그 어느 때보다 중요해졌다.

인공지능을 이용한 유전체 분석도 유전체 빅데이터 정보를 바탕으로 기존의 유전체 연구의 한계와 문제점을 완전히 다른 각도에서 접근함으로써 새로운 유전체 기반 연구와 기술 개발의 시대를 열고 있다. 이러한 인공지능에 의한 분석 방법은 대체로 많은 빅데이터 정보를 효율적으로 기계 학습Machine Learning을 시킴으로써 가능한 것이므로 유전체 빅데이터 정보의 중요성도 더욱 강조되게 되었다.

　유전체 정보의 중요성이 인식되기 시작하면서 많은 나라와 회사, 연구소가 개인의 유전체와 건강 및 질병 데이터 확보에 총력을 기울이기 시작했다. 심지어 최근에는 개인의 유전체 정보와 건강 정보를 공유 경제 플랫폼에 등록해놓고, 그 정보를 필요로 하는 제약회사나 진단 회사로 연결해줌으로써 유전체 데이터를 이용해 수익을 창출하는 서비스도 등장했다. 희귀 질환이나 특정 유전적 질환을 가지고 있다면 그 개인의 유전 정보를 건강한 사람의 것보다 더 비싸게 거래할 수 있는 '유전체 정보의 자본화' 시대가 된 것이다.

　유전체 정보의 공유를 위해 애쓰는 사람들도 있다. 미국의 하버드 의과대학 조지 처치 교수로부터 시작된 PGPPersonal Genome Project(www.personalgenomes.org) 연구소는 동의를 한 자발적인 참가자의 개인 유전체 정보, 건강 정보, 질병 정보, 신상 정보와 개인 식별 정보는 물론 사진을 포함한 모든 기록을 공개하고 일반인들과 전 세계 과학자들이 언제나 열람해 사용하거나 다운로드할 수 있도록 하여 정보 공유에 힘쓰고 있다.

　PGP 연구소의 취지는 공개된 유전체 정보와 건강 정보 및 개인 특성 정보를 활용해 과학과 의료 산업의 발전을 위해서 공유하자는 것이다. 본인의 선택에 따라 일부 기록만 공개할 수도 있지만 놀랍게도 많은 사람이 자신의 모든 기록을 공개하기 시작했다. 2017년까지 6000여 명이 미국에서 참여한 것으로 알려져 있고, 10만 명 참여를 목표로 하고 있다.

미국에서 시작한 PGP 프로젝트는 전 세계에서 동참하기 시작했다. 2012년 캐나다, 2013년 영국, 2014년 호주, 2017년 중국이 PGP 프로젝트의 글로벌 파트너로서 참여했다. PGP는 이 프로젝트를 통해서 유전자와 질병 및 건강 정보를 포함한 많은 정보의 공개로 얻게 되는 과학적, 학술적 가치뿐만 아니라 민감 개인 정보의 공개로 야기되는 도덕적, 법률적, 사회적 문제인 ELSI에 대해 세상 모든 나라 사람들과 함께 고민해보고 대처하자는 큰 의미를 가지고 있다. 아직 발생하지도 않은 다양한 잠재적 문제점을 앞세워 규제와 제한, 책임 회피를 하기보다 먼저 모든 문제점을 직면하고 그것을 해결해보려는 과감한 도전 정신은 높게 평가받을 만하다.

이뿐만이 아니다. 미국 샌디에이고의 쉐어지놈연구소(www.sharegenome.org)는 유전체 정보를 활용해 사

그림 49　하버드 개인 유전체 프로젝트 (Personal Genome Project; PGP) 참가자들. 위 사진은 PGP 프로젝트에 참여한 첫 번째 10명의 사진이다. 하버드 개인 유전체 프로젝트는 유전체 분석을 한 개인들이 자발적으로 자신의 모든 신상 정보와 유전자 정보, 건강과 의료 정보까지 아무 조건 없이 공개함으로써 공개된 유전체 연구에서 오는 다양한 혜택과 함께 문제점도 파악하고 개선해보려고 하는 선구적인 프로젝트다.

회의 이익과 과학의 발전, 인류의 복지를 추구하는 한편 새로운 연구를 위해 자발적으로 본인의 유전체 데이터를 기부하는 사람들을 위한 비영리 연구 기관으로 설립되었다. 다양한 질병이나 특이한 유전적 특성이 있는 사람들은 물론 일반인도 참여할 수 있다.

쉐어지놈연구소는 2017년 한국인 입양인들을 돕기 위해 '유전체를 통한 입양아 연결', 즉 ACTGAdoptee Connection Through Genome라는 프로젝트를 시작했다. 한국은 전쟁이 끝난 1953년 이후 100만 명 이상 해외 입양을 보낸 것으로 추산되는데 대부분 미국으로 갔다. 많은 해외 입양인이 자신의 정체성을 찾고자 하며 한국에 살아 있을지 모르는 생물학적 부모나 형제, 친척을 만나고 싶어한다. 이에 관심 있는 입양인들이 그들의 유전체 데이터를 등록하고 한국인 유전체 데이터와 비교해 가족이나 친척을 연결하고자 하는 뜻깊은 시도다.

그동안 한국은 개인 유전체 서비스가 활성화되지 않았기 때문에 가족이나 친척을 찾고 싶어하는 한국인 입양인들이나 가족이 원해도 찾을 수 없었다. 그러나 다행히 한국도 2016년부터 개인 유전자 분석 서비스가 법적으로 시작되었다. 이원다이애그노믹스를 포함한 일부 회사가 단순 유전자 분석이 아닌 개인 유전체 데이터 기반 서비스를 시작해 이제 한국도 본인이 동의할 경우 개인 유전체 분석 기반의 다양한 서비스를 시행할 수 있게 되었다. 이런 상황에서 쉐어지놈연구소는 진투미Gene2.Me와 마이지놈박스MyGenomeBox, 미국의 다이애그노믹스Diagnomics사와 연결해 전 세계에 흩어져 살고 있는 한국 입양인의 가족과 친척을 찾아주는 공익 서비스를 론칭했다. 이러한 서비스야말로 개인들이 자신의 유전자 정보 기부를 통해 사회에 기여하고, 유전체 정보로 남을 돕는 좋은 사례가 될 것이다.

주목할 점은 지난 10여 년 동안 공개된 유전체 정보를 통해 수많은 과학적 발견을 했으며 다양한 연구 결과나 논문이 나왔지만 아직까지 공식적으로 공개된 유전체 정보를 범죄나 부당한 용도로 사용해 사회와 인류에 해악이 되었다는 공식 보고는 나오지 않았다는 사실이다. 지금까지 다양한 연구와 자진 기부로 일반에 공개된 유전체 정보는 세계적으로 수십만 명의 것이며, 앞으로 미국의 정밀 의학 계획Precision Medicine Initiative, 영국의 게놈 잉글랜드Genome England, 중국의 건강 중국 2030Health China 2030 프로젝트를 통해서 수백만 명의 유전체 정보가 불과 몇 년 내 세상에 공개될 것임에도 말이다.

참고로 유전체 정보 공개와 기부에 대한 사람들의 인식을 보여주는 설문 조사가 얼마 전 미국에서 있었다. 미국의 데이터 포 굿Data for Good 연구소에서 발표한 자료에 의하면, 설문에 참여한 소셜 미디어를 사용하는 응답자의 84%가 더 안전하고 효과적인 약이나 진단을 개발하기 위해 자신들의 유전체 데이터를 포함한 건강과 질병 정보를 공유할 의사가 있다고 밝혔다. 그리고 92%는 타인의 질병이나 건강을 연구하기 위해 공유할 수 있다고 답했으며, 94%는 다른 환자를 도울 수 있거나 의사의 진료에 도움이 된다면 자신의 정보를 공개하겠다고 했다.

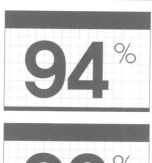

다른 환자를 도울 수 있거나 의사의
진료에 도움이 된다면 자신의 유전체
데이터를 포함한 건강과 질병 정보를
공유할 의사가 있다

타인의 질병이나 건강을 연구하기
위해 자신의 유전체 데이터를 포함한
건강과 질병 정보를 공유할 의사가
있다

더 안전하고 효과적인 약이나 진단을
개발하기 위해 자신들의 유전체
데이터를 포함한 건강과 질병 정보를
공유할 의사가 있다

그림 50 데이터 포 굿 설문조사. 미국 소셜 미디어를 이용하는 사람의 최대 94%가 타인의 건강이
나 새로운 기술 발전을 위해 자기의 유전자 데이터를 포함한 다양한 개인 건강 및 의료 정보를 공개
할 의사가 있다고 답했다.

물론 이 통계 숫자는 미국의 경우이기 때문에 한국이나 다른
나라의 상황은 좀 다를 수 있다. 그럼에도 이는 많은 사람이 남에게
도움이 된다면 자신의 민감 정보를 기부하고 공유할 의사가 있다는
것을 보여준다.

개인의 유전체 정보와 건강 정보의 기부로 새로운 신약을 개발
하거나 희귀 유전 질병을 진단할 수 있게 되고 많은 사람의 질병을

예방할 수도 있는 시대가 된 것이다. 우리의 유전체 정보 기부가 나의 건강을 지키고 나의 가족과 이웃, 그리고 내가 알지 못하는 누군가의 질병을 예방해 생명을 구할 수도 있는 것이다.

결론
유전체 혁명과
한국의 미래

Genome Revolution and Future of Korea

유전체 혁명과 한국의 미래

개인 유전체 시대로 시작된 4차 유전체 혁명은 언제 받아들일지에 대한 시간의 문제이지 피할 수 없는 시대의 변화다. 우리나라라고 예외일 수는 없다. 한국도 이제는 유전체 정보의 중요성과 전 세계 빅데이터 시장, 인공지능 산업의 활용의 선두 대열에 합류하기 위해 과감한 혁신과 변화를 해야 하는 시기가 되었다.

이런 점에서 새로운 정부가 다양한 4차 산업 혁명을 통해 한국의 새로운 입지를 다지고자 노력하는 것은 정말 시기적절한 정책인 것이다. 한국은 4차 산업 혁명의 리더로서 유전체 혁명의 세계 최고 강자가 될 수 있는 모든 선제 필요조건을 충족하고 있다. 그렇지만 그 엄청난 가치와 잠재력을 제대로 파악하지 못하고 있으며 내부의 규제와 제약 속에서 한국이 미래를 이끌어갈 가장 경쟁력 있는 차세대 사업 기회를 놓칠 수도 있는 절박한 상황이다. 세계의 모든 연구자나 기업이 한국의 유전체 데이터와 건강 정보 활용에 각별한 관심을 보이고 있음에도 말이다.

한국의 유전체 산업이 외국의 큰 주목을 받는 중요한 이유는 크게 네 가지다.

첫째, 한국이 전 세계에서 몇 개 안 되는 유전적으로 가장 잘 보존된 단일민족국가다.

둘째, 한국은 유전체 데이터라는 세계에서 가장 큰 규모의 빅데이터를 제대로 활용할 수 있는 뛰어난 IT 강국이다.

셋째, 한국은 국가 주도하에 전 세계에서 가장 모범이 되는 단일 의료 시스템을 갖춘 나라다. 일반 국민들이 큰 부담 없이 의료 시스템을 잘 이용할 수 있는 나라이기도 하다.

넷째, 한국은 가장 급속하게 최고령 국가로 가고 있으며 국민 개개인의 건강에 대한 관심과 이해도가 세계 어느 나라보다 높다.

이는 대한민국이 새로운 유전체 정보에 기반을 둔 건강 산업의 연구와 개발 그리고 상용화로 미래 정밀 의학을 리드하는 데 가장 유리한 나라가 될 수 있다는 말이다. 더욱이 한국 정부의 주도하에 시행하고 있는 정기 건강 검진은 전 세계 어느 나라에서도 실행하기 어려운 가장 효율적인 국가 건강 관리 시스템이다. 이를 통해 확보된 다양한 건강과 의료 데이터를 유전체 데이터와 연결해 잘 활용한다면 다양한 질병의 예측과 예방이 가능함은 물론 이 세상에서 가장 유용한 의료와 유전자 데이터 기반 가상 임상 실험의 최적 국가가 될 수 있다.

이러한 장점을 가지고 있으면서 제대로 활용하지 못하는 것은 어리석은 일이다. 참고로 미국의 「포브스Forbes」 잡지는 미래를 바꿀 차세대 100조 원 기술 비즈니스는 개인 유전체 관련 사업이라고 예견했다. 개인 유전체 해독과 분석, 그 데이터 활용에 관련된 새로운 사업기회는 2000년대 초반 인터넷으로 기존의 모든 사업이 재편되었던 혁신만큼 큰 산업의 전환기가 되고 있다. 우리 대한민국이 이러한 새로운 산업의 주도권을 잡아 4차 산업 혁명의 시대에 주어질 다양한 기회를 리드하고 새로운 미래의 주인이 될 것인가, 아니면 남들이 만들어가는 길을 뒤따르는 패배자가 될 것인가? 이제 선택은 우리의 몫이다.

그림 51　차세대 100조 원 기술 사업. 미국의 「포브스」 잡지는 미래를 이끌 가장 유망한 차세대 기술 분야로 개인 유전체 관련 시장을 꼽았다. 개인 유전체 시장의 발전은 우리의 건강뿐 아니라 모든 생활을 바꿀 차세대 기술 혁신의 시대를 열게 될 것이다.

참고 문헌

참고 링크

An Overview of the Human Genome Project; https://www.genome.gov/
The Cost of Sequencing a Human Genome;
https://www.genome.gov/27565109/the-cost-of-sequencing-a-human-genome/
International HapMap Project Overview;
https://www.genome.gov/10001688/international-hapmap-project/
ELSI Research Program (NIH);
https://www.genome.gov/10001618/the-elsi-research-program/
Herper M., (2011), "The Next $100 Billion Technology Business" Forbes
https://www.forbes.com/sites/matthewherper/2010/12/30/the-next-100-
billion-technology-business/
World Population Ageing 2009; United Nations;
http://www.un.org/esa/population/publications/WPA2009/
WPA2009_WorkingPaper.pdf
The 100,000 Genomes Project (Genomics England);

https://www.genomicsengland.co.uk/the-100000-genomes-project/
Precision Medicine Initiatives (PMI); https://allofus.nih.gov/
Coriell Personalized medicine Collaborative;
https://cpmc.coriell.org/
IBM Watson; https://www.ibm.com/watson/
Data for Good - Patient like me; https://www.patientslikeme.com/join/
dataforgood
Personal Genome Project (PGP); https://www.personalgenomes.org/
Share Genome Institute; https://www.sharegenome.org/
Clinical Laboratory Improvement Amendments (CLIA-88); https://
www.cms.gov/Regulations-and-Guidance/Legislation/CLIA/
index.html?redirect=/CLIA
The Genetic Information Nondiscrimination Act of 2008 (GINA); https://
www.genome.gov/27568492/the-genetic-information-nondiscrimination-act-
of-2008/
Health Information Privacy (HIPAA); https://www.hhs.gov/hipaa/index.html
P4 Medicine Institute; http://p4mi.org/
10 Breakthrough Technologies 2016 (MIT Technology Review) DNA App Store;
https://www.technologyreview.com/lists/technologies/2016/
10 Breakthrough Technologies 2018 (MIT Technology Review) Genetic Fortune-
Telling https://www.technologyreview.com/lists/technologies/2018/#genetic-
fortune-telling
Age-Related Eye Disease Study (ARED); https://nei.nih.gov/amd
Health China 20330 (World health Organization) http://www.who.int/
healthpromotion/conferences/9gchp/healthy-china/en/
Science History Institute; https://www.sciencehistory.org/historical-profile/
james-watson-francis-crick-maurice-wilkins-and-rosalind-franklin
Church G et al., (2017) "Blockchain-enabled genomic data sharing and analysis
platform." Nebula Genomics Whitepaper ; https://www.nebulagenomics.io/
assets/documents/NEBULA_whitepaper_v4.52.pdf
Lee MS et al., (2016) "South Korea's MyGenomeBox Provides One-Stop Shop
for DTC Data Storage, Genomics Applications." Genomeweb-Internet; https://
www.genomeweb.com/informatics/south-koreas-mygenomebox-provides-one-
stop-shop-dtc-data-storage-genomics-applications#.Wqq6a6huZPY
FDA permits marketing of first direct-to-consumer genetic carrier test for Bloom
syndrome U.S. Food & Drug Administration; Feb 19, 2015;

https://www.fda.gov/NewsEvents/Newsroom/PressAnnouncements/
ucm551185.htm
Food and Drug Administration. Overview of IVD regulation [Internet]. U.S. Food
& Drug Administration; Mar 19, 2015. https://www.fda.gov/MedicalDevices/
DeviceRegulationandGuidance/IVDRegulatoryAssistance/ucm123682.htm
IDC. The digital universe driving data growth in healthcare. EMC Digital
Universe; 2014 https://uk.emc.com/leadership/digital-universe/index.htm
Genetic Home Reference; https://ghr.nlm.nih.gov
American Cancer Society; http://www.cancer.org
Genetic Home Reference; http://www.nlm.nih.gov
National Cancer Institute; http://www.cancer.gov
국가건강정보포털; http://health.cdc.go.kr/health
국가암정보센터; http://www.cancer.go.kr
국가통계포털; http://kosis.kr

참고 데이터베이스

GWAS Catalog; https://www.ebi.ac.uk/gwas/
GWAS Central; https://www.gwascentral.org/
ClinVar; https://www.ncbi.nlm.nih.gov/clinvar/
dbSNP; https://www.ncbi.nlm.nih.gov/projects/SNP/
OMIM (Online Mendelian Inheritance in Man); https://www.omim.org/
HGMD (The Human Gene Mutation Database); http://www.hgmd.cf.ac.uk/ac/
index.php

참고 도서

Charles Darwin, (1859) "On the Origin of Species.", John Murray
Colby, Brandon, (2010) "Outsmart Your Genes: How Understanding Your DNA
Will Empower You to Protect Yourself Against Cancer,A lzheimer's, Heart
Disease, Obesity, and Many Other Conditions".. (Kindle Locations 4317-4319).
Penguin Publishing Group
Snyder, Michael, (2016) "Genomics and Personalized Medicine: What Everyone
Needs to Know®" Oxford University Press

Pothier, Kristin Ciriello. (2017) "Personalizing Precision Medicine: A Global Voyage from Vision to Reality" Wiley.

Ben Lynch. (2018) "Dirty Genes: A Breakthrough Program to Treat the Root Cause of Illness and Optimize Your Health" Harper one

Kusha Karvandi (2015) "NUTRIGENOMICS Biohacking for a Better You." Archangel Ink

참고 논문

Aliaga, M. J., et al. (2005). "Does Weight Loss Prognosis Depend on Genetic Make-up?" Obes Rev 6 (2): 155-168.

Andreu, A. L., et al. (1999). "Exercise Intolerance Due to Mutations in the Cytochrome b Gene of Mitochondrial DNA." N Engl J Med 341 (14): 1037-1044.

Andrieu, N., et al. (2006). "Effect of Chest X-rays on the Risk of Breast Cancer Among BRCA1/ 2 Mutation Carriers in the International BRCA1/ 2 Carrier Cohort Study: A Report from the EMBRACE, GENEPSO, GEO-HEBON, and IBCCS Collaborators' Group." J Clin Oncol 24 (21): 3361-3366.

Antoniou, A., et al. (2003). "Average Risks of Breast and Ovarian Cancer Associated with BRCA1 or BRCA2 Mutations Detected in Case Series from 10 Studies." Am J Hum Genet 74 (6): 1175-1182.

Ao, X., et al., (2015)" Association between EHBP1 rs721048(A>G) polymorphism and prostate cancer susceptibility: a meta-analysis of 17 studies involving 150,678 subjects." OncoTargets and Therapy 8,1671-1680.

Arnett, D. K., et al. (2007). "Relevance of Genetics and Genomics for Prevention and Treatment of Cardiovascular Disease: A Scientific Statement from the American Heart Association Council on Epidemiology and Prevention, the Stroke Council, and the Functional Genomics and Translational Biology Interdisciplinary Working Group." Circulation 115 (22): 2878-2901.

Aspinwall, L. G., et al. (2008). "CDKN2A/ p16 Genetic Test Reporting Improves Early Detection Intentions and Practices in High-Risk Melanoma Families." Cancer Epidemiol Biomarkers Prev 17 (6): 1510-1519.

Avramopoulos, D. (2009). "Genetics of Alzheimer's Disease: Recent Advances." Genome Med 1 (3): 34.

Baron, J. A., et al. (2003). "A Randomized Trial of Aspirin to Prevent Colorectal Adenomas." New Engl J Med 348: 891-899.

Batra, V., et al. (2003). "The Genetic Determinants of Smoking." Chest 123: 1730–1739.

Beheshtian, M., et al., (2015). "Impact of whole exome sequencing among Iranian patients with autosomal recessive retinitis pigmentosa." Archives of Iranian Medicine, 18(11), 776–785.

Berrington de Gonzalez, A., et al. (2009). "Estimated Risk of Radiation-Induced Breast Cancer from Mammographic Screening for Young BRCA Mutation Carriers." J Natl Cancer Inst 101 (3): 205–209.

Bertram, L., et al. (2008). "Genome-Wide Association Analysis Reveals Putative Alzheimer's Disease Susceptibility Loci in Addition to APOE." Am J Hum Genet 83: 623–632.

Bilguvar, K., et al. (2008). "Susceptibility Loci for Intracranial Aneurysm in European and Japanese Populations." Nat Genet 40 (12): 1472–1477.

Binkley, C. J., et al. (2009). "Genetic Variations Associated with Red Hair Color and Fear of Dental Pain, Anxiety Regarding Dental Care and Avoidance of Dental Care." J Am Dent Assoc 140 (7): 896–905.

Bonnie, J. H. (2007). "New Studies Support the Therapeutic Value of Meditation." Explore (New York) 3 (5): 449–452.

Bos, J. M., et al. (2009). "Diagnostic, Prognostic, and Therapeutic Implications of Genetic Testing for Hypertrophic Cardiomyopathy." J Am Coll Cardiol 54 (3): 201–211.

Brazell, C., et al. (2002). "Maximizing the Value of Medicines by Including Pharmacogenetic Research in Drug Development and Surveillance." Br J Clin Pharmacol 53 (3): 224–231.

Brennan, P., et al. (2005). "Effect of Cruciferous Vegetables on Lung Cancer in Patients Stratified by Genetic Status: A Mendelian Randomisation Approach." Lancet 366 (9496): 1558–1560.

Burke, A., et al. (2005). "Role of SCN5A Y1102 Polymorphism in Sudden Cardiac Death in Blacks." Circulation 112: 798–802.

Caraco, Y., et al. (2008). "CYP2C9 Genotype-Guided Warfarin Prescribing Enhances the Efficacy and Safety of Anticoagulation: A Prospective Randomized Controlled Study." Clin Pharmacol Ther 83: 460–470.

Caselli, R. J., et al. (2007). "Cognitive Domain Decline in Healthy Apolipoprotein E ε4 Homozygotes Before the Diagnosis of Mild Cognitive Impairment." Arch Neurol 64: 1306–1311.

Caspi, A., et al. (2002). "Role of Genotype in the Cycle of Violence in Maltreated

Children." Science 297 (5582): 851–854.

Cassidy, M. R., et al. (2008). "Comparing Test–Specific Distress of Susceptibility Versus Deterministic Genetic Testing for Alzheimer's Disease." Alzheimers Dement 4 (6): 406–413.

Cauchi, S., et al. (2009). "Combined Effects of MC4R and FTO Common Genetic Variants on Obesity in European General Populations." J Mol Med 87 (5): 537–546.

Chambers, J. C., et al. (2008). "Common Genetic Variation Near MC4R Is Associated with Waist Circumference and Insulin Resistance." Nat Genet 40 (6): 716–718.

Chao, S., et al. (2008). "Health Behavior Changes After Genetic Risk Assessment for Alzheimer Disease: The REVEAL Study." Alzheimer Dis Assoc Disord 22 (1): 94–97.

Chasman, D. I., et al. (2004). "Pharmacogenetic Study of Statin Therapy and Cholesterol Reduction." JAMA 291 (23): 2821–2827.

Chen, H. H., et al. (2007). "Ala55Val Polymorphism on UCP2 Gene Predicts Greater Weight Loss in Morbidly Obese Patients Undergoing Gastric Banding." Obesity Surgery 17 (7): 926–933.

Chen, Q., et al., (2015). "The rhodopsin–arrestin– 1 interaction in bicelles. Methods in Molecular Biology (Clifton, N.J.), 1271, 77–95.

Chen, R., et al., (2015). "Association of p53 rs1042522, MDM2 rs2279744, and p21 rs1801270 polymorphisms with retinoblastoma risk and invasion in a Chinese population." Scientific Reports, 5, 13300.

Chen, S., et al. (2002). "SNP S1103Y in the Cardiac Sodium Channel Gene SCN5A Is Associated with Cardiac Arrhythmias and Sudden Death in a White Family." J Med Genet 39 (12): 913–915.

Chen, Y., et al., (2014). "Common variants near ABCA1 and in PMM2 are associated with primary open–angle glaucoma." Nature Genetics, 46(10), 1115–1119.

Chen, Y., et al., (2014). "Extended association study of PLEKHA7 and COL11A1 with primary angle closure glaucoma in a Han Chinese population. Investigative Ophthalmology & Visual" Science, 55(6), 3797–3802.

Cherkas, L. F., et al. (2008). "The Association Between Physical Activity in Leisure Time and Leukocyte Telomere Length." Arch Intern Med 168 (2): 154–158. Rubio, J. C., et al. (2005). "Frequency of the C34T

Cho I, Blaser MJ et al. (2012). "The human microbiome: at the interface of health and disease". Nat Rev Genet.;13(4): 260- 70.

Cho, M. K., et al. (1999). "Commercialization of BRCA1/ 2 Testing: Practitioner Awareness and Use of a New Genetic Test." Am J Med Genet 83 (3): 157–163.

Costa, J. R., et al., (2016) "Autophagy gene expression profiling identifies a defective microtubule–associated protein light chain 3A mutant in cancer." Oncotarget. 7(27), 41203-41216.

Cacabelos, R. (2007). "Donepezil in Alzheimer's Disease: From Conventional Trials to Pharmacogenetics." Neuropsychiatr Dis Treat 3 (3): 303–333. 10.

Deeny, S. P., et al. (2008). "Exercise, APOE, and Working Memory: MEG and Behavioral Evidence for Benefit of Exercise in Epsilon4 Carriers." Biol Psychol 78 (2): 179–187.

DeGeorge, B. R., et al. (2007). "Beta–Blocker Specificity: A Building Block Toward Personalized Medicine." J Clin Invest 117 (1): 86–89.

Dhandapany, P. S., et al. (2009). "A Common MYBPC3 (Cardiac Myosin Binding Protein C) Variant Associated with Cardiomyopathies in South Asia." Nat Genet 41 (2): 187–191.

Drmanac, R., et al. (2009). "Human Genome Sequencing Using Unchained Base Reads on Self–Assembling DNA Nanoarrays." Science doi: 10.1126/ science. 1181498.

Duan, Y. F., et al., (2015). "Association between ABO gene polymorphism (rs505922) and cancer risk: a meta–analysis." Tumour Biology: The Journal of the International Society for Oncodevelopmental Biology and Medicine. 36(7), 5081–5087.

Duell, E. J., et.al., (2013). "Vitamin C transporter gene (SLC23A1 and SLC23A2) polymorphisms, plasma vitamin C levels, and gastric cancer risk in the EPIC cohort." Genes & Nutrition, 8(6), 549–560.

Dufouil, C., et al. (2005). "APOE Genotype, Cholesterol Level, Lipid–Lowering Treatment, and Dementia: The Three–City Study." Neurology 64 (9): 1531–1538.

Editorial., (2010) "Human genome at ten: The sequence explosion." nature 464: 670–671

Eid, J., et al. (2009). "Real–Time DNA Sequencing from Single Polymerase Molecules." Science 323 (5910): 133–138.

Elisabeth, R. P., et al. (2007). "Risk of Venous Thrombosis: Obesity and Its Joint Effect with Oral Contraceptive Use and Prothrombotic Mutations." Br J Haematol 139 (2): 289–296.

Emmerich, J., et al. (2001). "Combined Effect of Factor V Leiden and Prothrombin 20210A on the Risk of Venous Thromboembolism: Pooled Analysis of 8 Case-Control Studies Including 2310 Cases and 3204 Controls: Study Group for Pooled-Analysis in Venous Thromboembolism." J Thromb Haemost 86 (3): 809-816.

Esther, M. J., et al. (2007). "Medical Radiation Exposure and Breast Cancer Risk: Findings from the Breast Cancer Family Registry." Int J Cancer 121 (2): 386-394.

Evans, D. G. R., et al. (2009). "Risk Reducing Mastectomy: Outcomes in 10 European Centres." J Med Genet 46 (4): 254-258.

Figueiredo, J. C., et al., (2014). "Genome-wide diet-gene interaction analyses for risk of colorectal cancer." PLoS Genetics, 10(4), e1004228.

Fogelholm, M., et al. (2007). "Sleep-Related Disturbances and Physical Inactivity Are Independently Associated with Obesity in Adults." Int J Obes 31 (11): 1713-1721.

Fox, A. L. (1932). "The Relationship Between Chemical Constitution and Taste." Proc Nat Acad Sci 18 (1): 115-120.

Fradet, V., et al. (2009). "Dietary Omega-3 Fatty Acids, Cyclooxygenase-2 Genetic Variation, and Aggressive Prostate Cancer Risk." Clin Cancer Res 15 (7): 2559-2566.

Friedman, G., et al. (1999). "Apolipoprotein E-epsilon4 Genotype Predicts a Poor Outcome in Survivors of Traumatic Brain Injury." Neurology 52 (2): 244-248.

Frost, M. H., et al. (2000). "Long-Term Satisfaction and Psychological and Social Function Following Bilateral Prophylactic Mastectomy." JAMA 284 (3): 319-324.

G., et al. (1998). "Elite Endurance Athletes and the ACE I Allele: The Role of Genes in Athletic Performance." Hum Genet 103 (1): 48-50.

Gained N. (2017). "Life expectancy set to hit 90 in South Korea." Nature; 2017.21535

Geifman-Holtzman, O., et al. (2008). "Prenatal Diagnosis: Update on Invasive Versus Noninvasive Fetal Diagnostic Testing from Maternal Blood." Expert Rev Mol Diag 8 (6): 727-751.

Georgirene, D. V., et al. (2006). "Genetic Risk Factors Associated with Lipid-Lowering Drug-Induced Myopathies." Muscle Nerve 34 (2): 153-162.

Gever, J. "Genetic Screening Offers Little Help for Diabetes Prediction."

MedPage Today, 11/ 19/ 08: www.medpagetoday.com/ Nephrology/ Diabetes/ 11842.

Gizer, I. R., et al. (2009). "Candidate Gene Studies of ADHD: A Meta-Analytic Review." Hum Genet 126 (1): 51-90.

Gretarsdottir, S., et al. (2008). "Risk Variants for Atrial Fibrillation on Chromosome 4q25 Associate with Ischemic Stroke." Ann Neurol 64 (4): 402-409.

Gschwendtner,A., et al. (2009). "Sequence Variants on Chromosome 9p21.3 Confer Risk of Atherosclerotic Stroke." Ann Neurol 65 (5): 531-539.

Han, S. W., et al. (2005). "Predictive and Prognostic Impact of Epidermal Growth Factor Receptor Mutation in Non-Small-Cell Lung Cancer Patients Treated with Gefitinib." J Clin Oncol 23: 2493-2501.

Hassan, M., et al. (2008). "Association of Beta-1-Adrenergic Receptor Genetic Polymorphism with Mental Stress-Induced Myocardial Ischemia in Patients with Coronary Artery Disease." Arch Intern Med 168 (7): 763-770.

Hathaway, F., et al. (2009). "Consumers' Desire Towards Current and Prospective Reproductive Genetic Testing." J Genet Couns 18 (2): 137-146.

Hayes, D. F., et al. (2008). "Consortium on Breast Cancer Pharmacogenomics. A Model Citizen? Is Tamoxifen More Effective Than Aromatase Inhibitors If We Pick the Right Patients?" J Natl Cancer Inst 100 (9): 610-613.

Helgadottir, A., et al. (2007). "A Common Variant on Chromosome 9p21 Affects the Risk of Myocardial Infarction." Science 316 (5830): 1491-1493.

Henderson, J., et al. (2005). "The EPAS1 Gene Influences the Aerobic-Anaerobic Contribution in Elite Endurance Athletes." Hum Genet 118 (3): 416-423.

Hofman, N., et al. (2007). "Contribution of Inherited Heart Disease to Sudden Cardiac Death in Childhood." Pediatrics 120 (4): e967-e973.

Hsiao, D.-J., et al. (2009). "Weight Loss and Body Fat Reduction Under Sibutramine Therapy in Obesity with the C825T Polymorphism in the GNB3 Gene." Pharmacogenet Genomics 19 (9): 730-733.

Huang, T. L., et al. (2005). "Benefits of Fatty Fish on Dementia Risk Are Stronger for Those Without APOE Epsilon4." Neurology 65 (9): 1409-1414.

I., et al. (2007). "Improved Weight Management Using Genetic Information to Personalize a Calorie Controlled Diet." Nutr J 6: 29.

Ikram, M. A., et al. (2009). "The GAB2 Gene and the Risk of Alzheimer's Disease: Replication and Meta-Analysis." Biol Psychiatry 65 (11): 995-999.

Ingelman-Sundberg, M. (2001). "Pharmacogenetics: An Opportunity for a Safer and More Efficient Pharmacotherapy." J Intern Med 250 (3): 186-200.

Isabel, R. S., et al. (2008). "The CHRNA5/ A3/ B4 Gene Cluster Variability as an Important Determinant of Early Alcohol and Tobacco Initiation in Young Adults." Biol Psychiatry 63 (11): 1039–1046.

Isazadeh, A., et al., (2017). "The effect of Factor–XI (rs3756008) polymorphism on recurrent pregnancy loss in Iranian Azeri Women. Gene Cell Tissue, 4(1): e13330.

Jacob, R., et al. (2004). "ApoE Genotype Accounts for the Vast Majority of AD Risk and AD Pathology." Neurobiol Aging 25 (5): 641–650.

Jang, M. J., et al., (2011). "Incidence of venous thromboembolism in Korea: from the health insurance review and assessment service database." Journal of Thrombosis and Haemostasis : JTH, 9(1), 85–91.

Johnson, N., et al. (2007). "Counting Potentially Functional Variants in BRCA1, BRCA2 and ATM Predicts Breast Cancer Susceptibility." Hum Mol Genet 16 (9): 1051–1057.

Johnstone, E. C., et al. (2004). "Genetic Variation in Dopaminergic Pathways and Short–Term Effectiveness of the Nicotine Patch." Pharmacogenetics 14: 83–90.

Kapur, K., et.al. (2010). "Genome–wide meta analysis for serum calcium identifies significantly associated SNPs near the calcium–sensing receptor (CASR) gene." PLoS Genetics, 6(7).

Kennedy, C., et al. (2001). "Melanocortin 1 Receptor (MC1R) Gene Variants Are Associated with an Increased Risk for Cutaneous Melanoma Which Is Largely Independent of Skin Type and Hair Color." J Invest Dermatol 117: 294–300.

Kent, W. N., et al. (2006). "Role of Monoamine Oxidase A Genotype and Psychosocial Factors in Male Adolescent Criminal Activity." Biol Psychiatry 59 (2): 121–127.

Kerzendorfer, C., et al. (2009). "UVB and Caffeine: Inhibiting the DNA Damage Response to Protect Against the Adverse Effects of UVB." J Invest Dermatol 129 (7): 1611–1613.

Khor, C. C., et al., (2016). "Genome–wide association study identifies five new susceptibility loci for primary angle closure glaucoma." Nature Genetics, 48(5), 556–562.

Kim BJ., et al. (2018) "Prediction of inherited genomic susceptibility to 20 common cancer types by a supervised machine–learning method." Proc Natl Acad Sci U S A.;115(6):1322–1327

Kim M., et al. (2014) "Empirical prediction of genomic susceptibilities for multiple cancer classes." Proc Natl Acad Sci U S A; 111(5):1921–6.

Kim, D., et al. (2007). "SIRT1 Deacetylase Protects Against Neurodegeneration in Models for Alzheimer's Disease and Amyotrophic Lateral Sclerosis." EMBO J 26 (13): 3169–3179.

Kim-Cohen, J., et al. (2006). "MAOA, Maltreatment, and Gene-Environment Interactions Predicting Children's Mental Health: New Evidence and a Meta-Analysis." Mol Psychiatry 11: 903–913.

Kobylecki, C. J. et al., (2015). "Genetically high plasma vitamin C, intake of fruit and vegetables, and risk of ischemic heart disease and all-cause mortality: a mendelian randomization study. The American Journal of Clinical Nutrition, 101(6), 1135–1143

Kolor, K., et al. (2009). "Health Care Provider and Consumer Awareness, Perceptions, and Use of Direct-to-Consumer Personal Genomic Tests, United States, 2008." Genet Med 11 (8): 595.

Kontis, V. et al. (2017). "Future life expectancy in 35 industrialised countries: projections with a Bayesian model ensemble." Lancet S0140-6736(16)32381-9

Kotsopoulos, J., et al. (2007). "The CYP1A2 Guidelines for Breast Screening with MRI as an Adjunct to Mammography." CA Cancer J Clin 57 (2): 75–89.

Kramer, J. L., et al. (2005). "Prophylactic Oophorectomy Reduces Breast Cancer Penetrance During Prospective, Long-Term Follow-Up of BRCA1 Mutation Carriers." J Clin Oncol 23 (34): 8629–8635.

Lander ES., et.al. (2001) "(2001). "Initial sequencing and analysis of the human genome." Nature; 409(6822): 860–921

Lautenschlager, N. T., et al. (2008). "Effect of Physical Activity on Cognitive Function in Older Adults at Risk for Alzheimer Disease: A Randomized Trial." JAMA 300 (9): 1027–1037.

Lee, A. M., et al. (2007). "CYP2B6 Genotype Alters Abstinence Rates in a Bupropion Smoking Cessation Trial." Biol Psychiatry 62 (6): 635–641.

Lerman, C., et al. (2006). "Role of Functional Genetic Variation in the Dopamine D2 Receptor (DRD2) in Response to Bupropion and Nicotine Replacement Therapy for Tobacco Dependence: Results of Two Randomized Clinical Trials." Neuropsychopharmacol 31 (1): 231–242.

Lessov-Schlaggar, C. N., et al. (2008). "Genetics of Nicotine Dependence and Pharmacotherapy." Biochem Pharmacol 75 (1): 178–195.

Levy, S., et al. (2007). "The Diploid Genome Sequence of an Individual Human." PLoS Biology 5 (10): e254.

Li, D., et al., (2015). "ABO non-O type as a risk factor for thrombosis in patients with pancreatic cancer." Cancer Medicine. 4(11)

Li, G., et al. (2007). "Statin Therapy Is Associated with Reduced Neuropathologic Changes of Alzheimer Disease." Neurology 69 (9): 878-885.

Li, H., et al., (2012). "Association of genetic variation in FTO with risk of obesity and type 2 diabetes with data from 96,551 East and South Asians." Diabetologia. 55(4), 981-995.

Li, Y. L., et al., (2014). "Association between the EGF rs4444903 polymorphism and liver cancer susceptibility: a meta-analysis and meta-regression." Genetics and Molecular Research: GMR. 13(4), 8066-8079.

Li, Y., et al. (2008). "SORL1 Variants and Risk of Late-Onset Alzheimer's Disease." Neurobiol Dis 29: 293-296.

Lin, X., et al., (2012). "Genome-wide association study identifies novel loci associated with serum level of vitamin B12 in Chinese men." Human Molecular Genetics, 21(11), 2610-2617.

Liu, W., et al., (2017). "Association of rs6505162 polymorphism in pre-miR-423 with cancer risk: a meta-analysis based on 5,891 cases and 7,622 controls." International Journal of Clinical and Experimental Medicine, 10(6), 9754-9763.

Lo, T., et al. (2009). "Modulating Effect of Apolipoprotein E Polymorphisms on Secondary Brain Insult and Outcome After Childhood Brain Trauma." Childs Nerv Syst 25 (1): 47-54.

Lobmeyer, M. T., et al. (2007). "Synergistic Polymorphisms of Beta-1 and Alpha-2C-Adrenergic Receptors and the Influence on Left Ventricular Ejection Fraction Response to Beta-Blocker Therapy in Heart Failure." Pharmacogenet Genomics 17 (4): 277-282.

Lu, L. et al. (2012). Associations between common variants in GC and DHCR7/NADSYN1 and vitamin D concentration in Chinese Hans. Human Genetics, 131(3), 505-512.

Lu, Y. et al., (2012). Markers of endogenous desaturase activity and risk of coronary heart disease in the CAREMA cohort study. PLoS One 7(7), e41681.

Luders, E., et al. (2009). "The Underlying Anatomical Correlates of Long-Term Meditation: Larger Hippocampal and Frontal Volumes of Gray Matter." NeuroImage 45 (3): 672-678.

Lyssenko, V., et al. (2008). "Clinical Risk Factors, DNA Variants, and the Development of Type 2 Diabetes." N Engl J Med 359 (21): 2220-2232.

Massidda, M. (2009). "Association Between the ACTN3 R577X Polymorphism and

Artistic Gymnastic Performance in Italy." Genet Test Mol Biomarkers 13 (3): 377−380.

McNally, E. M. (2004). "Powerful Genes: Myostatin Regulation of Human Muscle Mass." N Engl J Med 350 (26): 2642−2644.

McTiernan, A., et al. (2003). "Women's Health Initiative Cohort Study. Recreational Physical Activity and the Risk of Breast Cancer in Postmenopausal Women: The Women's Health Initiative Cohort Study." JAMA 290 (10): 1331−1336.

Meigs, J. B., et al. (2008). "Genotype Score in Addition to Common Risk Factors for Prediction of Type 2 Diabetes." N Engl J Med 359 (21): 2208−2219.

Metcalfe, K. A., et al. (2005). "The Use of Preventive Measures Among Healthy Women who Carry a BRCA1 or BRCA2 Mutation." Fam Cancer 4 (2): 97−103.

Meyer−Lindenberg, A., et al. (2006). "Neural Mechanisms of Genetic Risk for Impulsivity and Violence in Humans." Proc Nat Acad Sci USA 103 (16): 6269−6274.

Miller, E. R., et al. (2005). "Meta−Analysis: High−Dosage Vitamin E Supplementation May Increase All−Cause Mortality." Ann Int Med 142 (1): 37−46

Mitchell JBO et al.,(2014). "Machine learning methods in chemoinformatics". Wiley Interdiscip Rev Comput Mol Sci. 2014 Sep/ Oct; 4(5): 468- 81. 11

Mondul, A. M., et al., (2011). Genome−wide association study of circulating retinol levels. Human Molecular Genetics, 20(23), 4724−4731.

Moreno−Aliaga, M. J., et al. (2005). "Does Weight Loss Prognosis Depend on Genetic Make−up?" Obes Rev 6 (2): 155−168. Arkadianos,

Moretti L et al. (2012) "Cognitive decline in older adults with a history of traumatic brain injury." Lancet Neurol 11(12):1103−12.

Muniesa, C. A., et al. (2008). "World−Class Performance in Lightweight Rowing: Is It Genetically Influenced? A Comparison with Cyclists, Runners and Non−athletes." Br J Sports Med doi: bjsm. 2008.051680.

Mutation of the AMPD1 Gene in World−Class Endurance Athletes: Does This Mutation Impair Performance?" J Appl Physiol 98 (6): 2108−2112.

Nakamura, H., et al., (2016). "Plasma amino acid profiles in healthy East Asian subpopulations living in Japan. American Journal of Human Biology": the official journal of the Human Biology Council, 28(2), 236−239.

Nakamura, Y. (2008). "Pharmacogenomics and Drug Toxicity." N Engl J Med 359 (8): 856−858.

Nathoo, N., et al. (2003). "Genetic Vulnerability Following Traumatic Brain Injury: The Role of Apolipoprotein E." Mol Pathol 56 (3): 132–136.

Norman, B., et al. (2009). "Strength, Power, Fiber Types, and mRNA Expression in Trained Men and Women with Different ACTN3 R577X Genotypes." J Appl Physiol 106 (3): 959–965.

Ognjanovic, S., et al. (2006). "NAT2, Meat Consumption and Colorectal Cancer Incidence: An Ecological Study Among 27 Countries." Cancer Causes Control 17 (9): 1175–1182.

P., et al. (2002). "Association of the ADAM33 Gene with Asthma and Bronchial Hyperresponsiveness." Nature 418 (6896): 426–430.

Paracchini, S., et al. (2008). "Association of the KIAA0319 Dyslexia Susceptibility Gene with Reading Skills in the General Population." Am J Psychiatry 165 (12): 1576–1584.

Park, M. Y., et al., (2016). "Patient dose management: focus on practical actions." Journal of Korean Medical Science, 31(Suppl 1), S45–S54.

Parveen, B., et al. (2008). "Polymorphisms in DNA Repair Genes, Ionizing Radiation Exposure and Risk of Breast Cancer in U.S. Radiologic Technologists." Int J Cancer 122 (1): 177–182.

Peavy, G. M., et al. (2007). "The Effects of Prolonged Stress and APOE Genotype on Memory and Cortisol in Older Adults." Biol Psychiatry 62 (5): 472–478.

Peroxisome–Proliferator–Activated–Receptor–γ 2 Gene Polymorphisms." Br J Nutr 96 (5): 965–972.

Pike, K. E., et al. (2007). "Beta–Amyloid Imaging and Memory in Nondemented Individuals: Evidence for Preclinical Alzheimer's Disease." Brain 130: 2837–2844.

Plant, L. D. (2006). "A Common Cardiac Sodium Channel Variant Associated with Sudden Infant Death in African Americans, SCN5A S1103Y." J Clin Invest 116 (2): 430–435.

Potoczna, N., et al. (2004). "Gene Variants and Binge Eating as Predictors of Comorbidity and Outcome of Treatment in Severe Obesity." J Gastrointest Surg 8 (8): 971–982

Pray LA., (2008) "Discovery of DNA Structure and Function: Watson and Crick" Nature Education 1(1):100

Preston, D. L., et al. (2002). "Radiation Effects on Breast Cancer Risk: A Pooled Analysis of Eight Cohorts." Radiation Research 158 (2): 220–235.

Reijmerink, N. E., et al. (2009). "Smoke Exposure Interacts with ADAM33

Polymorphisms in the Development of Lung Function and Hyperresponsiveness." Allergy 64 (6): 898−904.

Renaud, S., et al. (1992). "Wine, Alcohol, Platelets, and the French Paradox for Coronary Heart Disease." Lancet 339 (8808): 1523−1526.

Retey, J. V., et al. (2007). "A Genetic Variation in the Adenosine A2A Receptor Gene (ADORA2A) Contributes to Individual Sensitivity to Caffeine Effects on Sleep." Clin Pharmacol Ther 81 (5): 692−698.

Rodríguez−Calvo, M. S., et al. (2008). "Molecular Genetics of Sudden Cardiac Death." Forensic Sci Int 182 (1−3): 1−12.

Rogers, S. (2000). "Interventions That Facilitate Socialization in Children with Autism." J Autism Dev Disord 30 (5): 399−409.

Roses, A. D. (2002). "Genome−Based Pharmacogenetics and the Pharmaceutical Industry." Nat Rev Drug Discov 1 (7): 541−549.

Rosso, A., et al. (2008). "Caffeine: Neuroprotective Functions in Cognition and Alzheimer's Disease." Am J Alzheimers Dis Other Demen 23 (5): 417−422.

S., et al. (2009). "Combined Effects of MC4R and FTO Common Genetic Variants on Obesity in European General Populations." J Mol Med 87 (5): 537−546. Moreno−

Sagi, M., et al. (2009). "Preimplantation Genetic Diagnosis for BRCA1/ 2: A Novel Clinical Experience." Prenat Diagn 29 (5): 508−513.

Samad, A. K., et al. (2005). "A Meta−Analysis of the Association of Physical Activity with Reduced Risk of Colorectal Cancer." Colorectal Dis 7 (3): 204−213.

Santarelli, S., et al., (2016). "SLC6A15, a novel stress vulnerability candidate, modulates anxiety and depressive−like behavior: involvement of the glutamatergic system." Stress: the international journal on the biology of stress, 19(1), 83−90.

Santiago, C., et al. (2008). "ACTN3 Genotype in Professional Soccer Players." Br J Sports Med 42 (1): 71−

Scarmeas, N., et al. (2006). "Mediterranean Diet and Risk for Alzheimer's Disease." Ann Neurol 59: 912−921.

Schaefer, A. S., et al. (2009). "Identification of a Shared Genetic Susceptibility Locus for Coronary Heart Disease and Periodontitis." PLoS Genet 5 (2): e1000378.

Schulze, J. J., et al. (2008). "Doping Test Results Dependent on Genotype of Uridine Diphospho−Glucuronosyl Transferase 2B17, the Major Enzyme for Testosterone Glucuronidation." J Clin Endocrinol Metab 93 (7): 2500−2506.

Schulze, J. J., et al. (2009). "Substantial Advantage of a Combined Bayesian and Genotyping Approach in Testosterone Doping Tests." Steroids 74 (3): 365–368.

Schwartz, P. J., et al. (1985). "The Idiopathic Long QT Syndrome: Pathogenetic Mechanisms and Therapy." Eur Heart J 6 (Suppl D): 103–114.

Schwartz, P. J., et al. (1998). "Prolongation of the QT Interval and the Sudden Infant Death Syndrome." N Engl J Med 338 (24): 1709–1714.

Schwartz, P. J., et al. (2000). "A Molecular Link Between the Sudden Infant Death Syndrome and the Long-QT Syndrome." N Engl J Med 343 (4): 262–267.

Seip, R., et al. (2008). "Physiogenomic Comparison of Human Fat Loss in Response to Diets Restrictive of Carbohydrate or Fat." Nutr Metab 5: 4.

Sellers, T. A., et al. (2001). "Dietary Folate Mitigates Alcohol Associated Risk of Breast Cancer in a Prospective Study of Postmenopausal Women." Epidemiology 12 (4): 420–428.

Sesti, G., et al. (2005). "Impact of Common Polymorphisms in Candidate Genes for Insulin Resistance and Obesity on Weight Loss of Morbidly Obese Subjects After Laparoscopic Adjustable Gastric Banding and Hypocaloric Diet." J Clin Endocrinol Metab 90 (9): 5064–5069.

Shalchian-Tabrizi K. et al, (2014) "A bioinformatic tool for visualization, analysis and sequence selection of massive BLAST data". BMC Bioinf.15: 128. 10

Shin, S. P., et al., (2015). "Association between hepatocellular carcinoma and tumor necrosis factor alpha polymorphisms in South Korea." World Journal of Gastroenterology, 21(46), 13064–13072

Shuldiner, A. R., et al. (2009). "Association of Cytochrome P450 2C19 Genotype with the Antiplatelet Effect and Clinical Efficacy of Clopidogrel Therapy." JAMA 302 (8): 849–857.

Sigrid Botne, S., et al. (2008). "Risk-Reducing Effect of Education in Alzheimer's Disease." Int J Geriatr Psychiatry 23 (11): 1156–1162. Valenzuela, M. J., et al. (2008). "Brain Reserve and the Prevention of Dementia." Curr Opin Psychiatry 21 (3): 296–302.

Skoczyńska, A., et al., (2017). "Melanin and lipofuscin as hallmarks of skin aging." Postępy dermatologii i alergologii, 34(2), 97–103.

Small, K. M., et al. (2002). "Synergistic Polymorphisms of ß1- and α2CAdrenergic Receptors and the Risk of Congestive Heart Failure." N Engl J Med 347 (15): 1135–1142.

Snyder M et al (2013)."iPOP goes the world: integrated Personalized Omics Profiling and the road towards improved health care". Chem Biol. May ;20(5):

660- 6, 13

Sofat R et al. (2012) "Complement factor H genetic variant and age-related macular degeneration: effect size, modifiers and relationship to disease subtype." Int J Epidemiol 41(1):250-262.

Spannagl, M. (2000). "Are Factor V Leiden Carriers who Use Oral Contraceptives at Extreme Risk for Venous Thromboembolism?" Eur J Contracep Reprod Health Care 5 (2): 105-112.

Spitz, M. R., et al. (2003). "Genetic Susceptibility to Lung Cancer: The Role of DNA Damage and Repair." Cancer Epidemiol Biomarkers Prev 12: 689-698.

Splawski, I., et al. (2002). "Variant of SCN5A Sodium Channel Implicated in Risk of Cardiac Arrhythmia." Science 297 (5585): 1333-1336.

Stephens JC., et al. (2001)." Haplotype variation and linkage disequilibrium in 313 human genes." Science;293(5529):489-93

Svetkey, L. P., et al. (2001). "Angiotensinogen Genotype and Blood Pressure Response in the Dietary Approaches to Stop Hypertension (DASH) Study." J Hypertens 19: 1949-1956.

Tan, S.-C., et al. (2008). "Pharmacogenetics in Breast Cancer Therapy." Clin Cancer Res 14: 8027-8041. Schroth, W., et al. (2007). "Breast Cancer Treatment Outcome with Adjuvant Tamoxifen Relative to Patient CYP2D6 and CYP2C19 Genotypes." J Clin Oncol 25 (33): 5187-5193.

Tantisira, K. G., et al. (2004). "Corticosteroid Pharmacogenetics: Association of Sequence Variants in CRHR1 with Improved Lung Function in Asthmatics Treated with Inhaled Corticosteroids." Hum Mol Genet 13 (13): 1353-1359.

Tavakolpour, S., et al., (2016). "Tumor necrosis factor-α-308 G/A polymorphisms and risk of hepatocellular carcinoma: a meta-analysis." Hepatitis monthly, 16(4), e33537.

Thies W et al. (2013) "2013 Alzheimer's disease facts and figures." Alzheimer's Dement 9(2):208-45.

Thompson, I. M., et al. (2003). "The Influence of Finasteride on the Development of Prostate Cancer." N Engl J Med 349 (3): 215-224.

Todd, T. (1992). "A History of the Use of Anabolic Steroids in Sport." Sport and Exercise Science: Essays in the History of Sports Medicine, ed. Jack W. Berryman and Roberta J. Park (Champaign, IL: University of Illinois Press), 330.

Tsianos, G., et al. (2004). "The ACE Gene Insertion/ Deletion Polymorphism and Elite Endurance Swimming." Eur J Appl Physiol 92 (3): 360-362.

Umar, M., et al., (2013). "PLCE1 rs2274223 A>G polymorphism and cancer risk:

a meta-analysis." Tumour Biology: the journal of the International Society for Oncodevelopmental Biology and Medicine. 34(6), 3537–3544.

Vaisse, C., et al. (2000). "Melanocortin–4 Receptor Mutations Are a Frequent and Heterogeneous Cause of Morbid Obesity." J Clin Invest 106 (2): 253–262.

Venter JC., et al. (2001). "The Sequence of the Human Genome." Science ;291(5507):1304–51.

Vingtdeux, V., et al. (2008). "Therapeutic Potential of Resveratrol in Alzheimer's Disease." BMC Neuroscience 9 (Suppl 2): S6.

Visser, M., et al., (2014). "Human skin color is influenced by an intergenic DNA polymorphism regulating transcription of the nearby BNC2 pigmentation gene." Human Molecular Genetics, 23(21), 5750–5762.

Walsh, T., et al. (2006). "Spectrum of Mutations in BRCA1, BRCA2, CHEK2, and TP53 in Families at High Risk of Breast Cancer." JAMA 295 (12): 1379–1388.

Wang WL, (2015) "Application of metagenomics in the human gut microbiome." World J Gastroenterol. ;21(3): 803- 14.

Wang, H., et al. (2007). "An Apolipoprotein E–based Therapeutic Improves Outcome and Reduces Alzheimer's Disease Pathology Following Closed Head Injury: Evidence of Pharmacogenomic Interaction." Neuroscience 144 (4): 1324–1333.

Wang, M., et al., (2012). "Potentially functional variants of PLCE1 identified by GWASs contribute to gastric adenocarcinoma susceptibility in an Eastern Chinese population." PLoS One, 7(3), e31932.

Warner, J. H. (1986). The Therapeutic Perspective: Medical Practice, Knowledge and Identity in America, 1828–1885 (Cambridge: Harvard University Press), 28, 33.

Wu, A. H., et al. (2003). "Tea Intake, COMT Genotype, and Breast Cancer in Asian–American Women." Cancer Res 63 (21): 7526–7529.

Xie, S. Z., et al., (2015) "Association between the MTHFR C677T polymorphism and risk of cancer: Evidence from 446 case–control studies." Tumour Biology ;36(11):8953–72 17

Xing, J., et al., (2012). "Comprehensive pathway–based interrogation of genetic variations in the nucleotide excision DNA repair pathway and risk of bladder cancer." Cancer, 118(1), 205–215.

Xu, J., et al. (2009). "Estimation of Absolute Risk for Prostate Cancer Using Genetic Markers and Family History." Prostate 69 (14): 1565–1572.

Xue, Y., et al. (2009). "Human Y Chromosome Base–Substitution Mutation Rate

Measured by Direct Sequencing in a Deep−Rooting Pedigree." Curr Biol 19 (17): 1453−1457.

Yang, N. (2003). "ACTN3 Genotype Is Associated with Human Elite Athletic Performance." Am J Hum Genet 73 (3): 627−631.

Yang, M. D., et al., (2015) "Tumor necrosis factor−α genotypes are associated with hepatocellular carcinoma risk in Taiwanese males, smokers and alcohol drinkers." Anticancer Research, 35 (10), 5417−5423.

Ye, Z., et al. (2006). "Seven Haemostatic Gene Polymorphisms in Coronary Disease: Meta−Analysis of 66,155 Cases and 91,307 Controls." Lancet 367 (9511): 651−658.

Zandi, P. P., et al. (2002). "Reduced Incidence of AD with NSAID but Not H2 Receptor Antagonists: The Cache County Study." Neurology 59 (6): 880−886.

Zhang, R., et al., (2016). "The association between GWAS−identified BARD1 gene SNPs and neuroblastoma susceptibility in a Southern Chinese population." International Journal of Medical Sciences, 13(2), 133−138.

Zheng, S. L., et al. (2008). "Cumulative Association of Five Genetic Variants with Prostate Cancer." N Engl J Med 358 (9): 910−919.

Zheng, T., et al. (2003). "Glutathione S−transferase M1 and T1 Genetic Polymorphisms, Alcohol Consumption and Breast Cancer Risk." Br J Cancer 88 (1): 58−62.

정형선, 송양민. (2011). 한국인의 100세 장수시대 인식과 영향요인. 보건행정학회지, 21(4), 511−526